숨 쉬는
양념·밥상

숨쉬는 양념·밥상

ⓒ장영란 2013

초판 1쇄 발행일 2013년 3월 22일
초판 3쇄 발행일 2014년 11월 15일

지 은 이 장영란
사　　진 김광화
펴 낸 이 이정원
기획위원 안철환 · 김석기

출판책임 박성규
기획실장 선우미정
편집진행 조아라
편　　집 김상진 · 유예림 · 구소연
디 자 인 김세린 · 김지연
마 케 팅 석철호 · 나다연
경영지원 김은주 · 이순복
제　　작 송세언
관　　리 구법모 · 엄철용

펴 낸 곳 도서출판 들녘
등록일자 1987년 12월 12일
등록번호 10-156
주　　소 경기도 파주시 회동길 198번지
전　　화 마케팅 031-955-7374 편집 031-955-7381
팩시밀리 031-955-7393
홈페이지 www.ddd21.co.kr

ISBN 978-89-7527-664-4(14590)
ISBN 978-89-7527-160-1(세트)

숨 쉬는 양념·밥상

글 장영란 | 사진 김광화

들녘

머리말_

읽 기 만 해 도
힘 이 되 는
밥 상 이 야 기

아침에 일어나 동그란 상 하나 펼쳐 놓고 책을 읽고 있으면 해가 내 머리를 비춘다. 눈이 부셔 책을 내려놓고 눈을 감고 해님을 올려다보며 해님 기운을 받는다. 따스한 기운이 머리와 이마에 닿는다. 마치 마당에 서 있는 앵두나무가 된 듯, 해님 기운이 머리로 들어와 몸을 지나 뿌리 끝에서 지구 어머니에게로 흘러간다. 따스한 해님 기운을 잠시 받고 나면 오늘 하루도 평화롭고 활기차리라!

산골에 살면서 세상과 소통하기 위해 글을 쓰기 시작했다. 처음부터 먹는 이야기를 쓰려고 한 건 아니었으나, 산골에서 농사지은 걸로 해먹는 이야기는 많은 이들의 사랑을 받았다. 어릴 적 엄마가 해주시던 밥상이 떠오른다는 분, 이다음에 시골 가서 저렇게 해먹고 싶다는 분, 보통 요리책과 달리 소박한 밥상 차림이 좋다는 분, 아픈 몸을 치유하다가 알게 되었다는 분······. 그 덕에 요리전문가도 아닌 사람이 밥상 이야기를 쓰기에 이르렀다.

먹는 이야기를 쓰는 일은 밥상을 차리는 일과 같다. 정성과 사랑을 담아 밥을 짓듯 도시 사는 친지 얼굴을 떠올리며, 독자 얼굴을 떠올리며, 나눌 수 있는 사랑을 글에 담으려 했다.

그렇게 몇 년에 걸쳐 독자들을 위해 연재한 글이 모여 또 한 권의 책이 탄생했다. 글을 쓰면서 '읽기만 해도 힘이 되는 밥상 이야기'를 쓰려고 했다. 화려한 사진을 앞세운 멋진 요리책이 아닌, 먹을거리에 대해 생각을 정리하는 이야기를. 저자가 읽기만 해도 건강해진다니, 당장 따라 할 부담 없이 읽으며 즐겁게 상상하기 바란다. 머릿속에 생각이 뚜렷해지면 언젠가 그 생각이 현실로 다가오더라.

이 책의 1부는 우리 식구가 산골에서 밥해 먹고 사는 이야기를 모았다. 먹고 사는 게 뭔지를 함께 돌아보면 좋겠다. 식구가 돌아가며 밥상 당번을 하는 이야기, 밥상 안식년 이야기도 있다.

2부는 양념을 손수 만들어 먹는 이야기다. 지금 우리는 공장에서 만들고 시장에서 사온 양념을 먹는다. 그 양념들이 몸에 좋을 리도 없다. 모든 맛의 기본인 양념이 네 맛도 내 맛도 아니니 음식을 해도 맛이 안 난다.

그래도 그렇지 양념부터 손수 만들라니? 있는 재료로도 당장 끼니 챙기기도 어려운데 양념을 만드는 게 까마득하게 느껴질 수 있다. 한데 급할수록 돌아가라고, 손수 만든 맛난 양념이 있으면 손쉽게 음식을 할 수 있다. 복잡하게 지지고 볶을 것 없이 단순하게 해도 맛있다. 맛있는 김치만 있으면 누구나 한 끼를 뚝딱 만들 수 있듯이. '숨 쉬는 양념'은 이 책에서 가장 강조하고 싶은 부분이다. 양념 이야기를 정리하다가 전에 쓴 책 『자연달력 제철밥상』에 나온 양념을 넣을까 말까 망설였다. 전 책에는 농사 갈무리로서 양념 이야기가 들어갔다면 이 책에는 농사하건 안 하건 누구나 만들 수 있는 양념으로 새로 정리해 넣었다.

3부는 밥의 소중함을 다시 한 번 되새기는 자리다. 2부에서 기나긴 양념 이야기 고개를 넘다가 밥으로 넘어오면 술술 발걸음이 풀린다. 남편 말이 내가 잘 쓸 수 있는 주제란다. 자급농사를 지으며 밥을 다시 만난 경험에서 나온 이야기라 그러리라. 무심코 '밥을 먹는다'면서도 밥과 곡식의 소중함을 잊기 쉽다. 쌀과 잡곡, 콩, 감자, 고구마 등 곡식의 소중함을 한번 생각해 보자.

손수 만든 숨 쉬는 양념과 밥이 부엌을 든든하게 지켜 주니 '오늘은 뭐 해 먹을까?'가 어렵지 않다. 기본이 튼튼하면 그다음은 술술 풀린다. 간단히 요리해도 맛나니 아빠와 아이도 자기가 먹고 싶은 밥상을 제 손으로 차릴 수 있다. 엄마를 가뒀던 부엌은 온 가족이 함께하는 즐거운 공간이 된다.

그렇다고 우리 집 밥상이 특별한 건 아니다. 사진만 봐도 알아차리겠지만 요리를 잘하는 것도 아니다. 다만 식구들을 위해 이것저것 해보는 편인데, 하다 보면 실패작도 성공작도 나온다. 그러면서 손맛을 터득해 나가는 과정이 담겨 있다. 이 책은 '전문 고수를 따라 하는 요리책'이 아니라 한 발 앞서 간 선배와 함께 요리를 이해하는 책이다. 평소 정확한 계량을 하지 않고 대충하니 여기 실린 계량 역시 엉성할 뿐 아니라 밥해 먹으며 틈틈이 모은 이야기이니 모자란 게 많으리라. 너그럽게 이해해 주시길 바란다.

여기 실린 조리법은 나 역시 어디선가 배워 알기 시작한 게 대부분이다. 어머니나 언니들한테, 이웃들과 이야기하다가, 음식 관련 책들, 인터넷 사이트와 여러 게시판…… 궁금한 게 있으면 인터넷에 검색하면 나오는 세상이니 얼굴도 이름도 모르는 여러분의 도움도 많이 받았다. 그분들에게 고마움을 전하며 이 책이 다시 누군가에게 그런 존재가 되기를 빈다.

마을 동생이 하는 말, "어떤 마음으로 음식을 하느냐에 따라 음식 맛이 다르더라고요." 그렇다. 식구들을 사랑하는 마음이 그 어떤 양념보다 중요하다고 생각한다. 햇살에서 받은 따스한 기운 담뿍 담아 이 세상으로 내보내니, 이 책을 읽고 밥 짓기가 편안하고 즐거운 일로 다가오기를 빈다.

그 사이 일본 후쿠시마 원전사태가 일어나고, 방사능물질에 대한 경고가 나오고 있다. 먹을거리 역시 안전하지 않다는데, 이 가운데 표고버섯도 경고 대상이다. 국내산 표고버섯에서도 세슘이 검출될 만큼 표고버섯은 방사성 물질을 흡수하는 성질이 강하며, 말리면 더욱 응축된단다. 표고버섯을 먹지 않는 사람들이 늘어나고 있으나, 생활협동조합들은 계속 판매하고 있다. 책에 나오는 표고버섯은 그대로 두고, 부족하나마 대안을 덧붙였다. 먹을거리 안전에 우리 모두 관심을 가지자.

2014년 11월, 3쇄를 내며

머리말_ 읽기만 해도 힘이 되는 밥상 이야기 4

양념, 밥상 만드는 법 찾아보기 14

1부 식구 공동체, 밥상 협동조합

여성농부로 살아가기 18

귀농 15년 이야기 19   타고난 모습대로 살아가는 길 20
같은 일을 하며 같은 걸 추구하는 삶 22

온전한 생명을 먹으려면 24

암탉의 마음 알아주기 24   토종씨앗을 품은 사람들 25
씨앗이 살아야 사람도 산다 27

면역력 높이는 방법 30

겨울에는 추운 게 당연해 30   제발 병아, 와달라고? 31
똥 잘 누고 잠 잘 자고 33

아이들과 함께 밥해 먹는 이야기 35

자식 덕에 먹기 35   '밥해 먹기'가 주요 과목 37
아이와 어른 모두 만족하는 '스스로' 40

엄마, 권력을 내려놓다 43

가족 공동체가 준 커다란 상 '밥상안식년' 43   밥상도 권력이다 45

밥상안식년이 데려간 저녁밥 47

저녁에 속을 비우는 게 얼마나 좋은지 48   좀 심심한 대신 편안해진 삶 50

자급자족 농사의 재미 52

저 푸른 초원 위에 그림 같은 집을 짓고 52   한 가정이 먹을 농사라면? 53
하나하나 스스로 해내는 기쁨 55

2부 손수 만든 양념으로 꽃피는 밥상

봄은 장 담그는 계절 60

_아는 만큼 건강해진다1: 간장 62

원석에서 보석을 꺼내듯, 조선간장으로 감칠맛 나는 간장을! 64
_숨 쉬는 양념 만들기1: 조선간장의 재탄생- 감칠맛 나는 저염간장 65
_살아 있는 밥상1: 저염간장으로 만드는 깻잎장아찌 66

장 담그기- 소금물에 메주 띄우는, 단순하면서도 오묘한 일 68
_숨 쉬는 양념 만들기2: 장 담그기 70   _아는 만큼 건강해진다2: 소금 72

콩으로 만든 순수한 된장 73

진달래꽃이 피면 장 가르기 73   _장 가르기 74
된장이야말로 슬로푸드- 처음부터 맛있는 된장은 없다 76
_아는 만큼 건강해진다3: 된장 78
궁합이 좋으면 맛도 산다 80   _숨 쉬는 양념 만들기3: 맛된장 81

"된장 맛을 아니, 참 새로워"- 된장 맛있게 먹기 83

_살아 있는 밥상2: 된장국 끓이기 기본 조리법 84

된장의 새로운 발견 87

_살아 있는 밥상3: 토마토된장샐러드 **88**

_살아 있는 밥상4: 언제나 손쉽게 뚝딱! 된장주먹밥 **90**

_살아 있는 밥상5: 콩잎된장장아찌 **93**

단맛1. 물엿의 달콤한 유혹에서 벗어나기 95

_아는 만큼 건강해진다4: 물엿 **96**

_아는 만큼 건강해진다5: 액상과당 **97**

단맛의 자급— 쌀조청 만들기 100

_살아 있는 밥상6: 밥식혜 손쉽게 만들기 **101**

_숨 쉬는 양념 만들기4: 쌀조청 **103**

단맛2. 봄꽃 피니 효소차 담가 볼까! 105

효소(유효발효군)와 효소차(약초설탕발효액) 106

장 담그듯 정성스레 효소차를 담가야 107   효소차 담그는 원리 109

_숨 쉬는 양념 만들기5: 단맛 양념의 여왕– 양파효소차 **113**

_살아 있는 밥상7: 부추겉절이 **115**

_숨 쉬는 양념 만들기6 + 살아 있는 밥상8: 매실효소차와 매실장아찌를 한 번에 **117**

10분 만에 고추장 담그는 법 120

_아는 만큼 건강해진다6: 고추장 **122**

맛처럼 재료도 사랑스러운, 고추장 담그기 124

_숨 쉬는 양념 만들기7: 전통 고추장 10분 만에 담그기 **125**

집에 있는 양념으로 만드는 고추소스! 127

_숨 쉬는 양념 만들기8: 고추장 대용으로 쓸 수 있는 고추소스 **128**

밥상을 꽃피워 주는 식초 129

뭘 식초까지 집에서 담가? 129   _아는 만큼 건강해진다7: 식초 130

자연발효식초로 밥상에 새콤한 꽃을 피우다 133

_숨 쉬는 양념 만들기9: 자연발효식초 134

_숨 쉬는 양념 만들기10: 자연발효식초로 만드는 토마토소스 138

세계적 발효식품, 구수한 청국장의 맛 142

_숨 쉬는 양념 만들기11: 청국장 144   _살아 있는 밥상9: 청국장샐러드 148

_살아 있는 밥상10: 신 김장김치에 든 무를 넣은 청국장찌개 150

쑥스럽게 내보이는 김치 양념 152

_숨 쉬는 양념 만들기12: 김치 양념(+김장 배추김치 담그기) 154

초여름 기운이 담긴 열무김치 159

_살아 있는 밥상11: 열무김치 160

_살아 있는 밥상12: 막 담가서 바로 먹는 무물김치 싱건지 162

나물1. 맛있는 양념이 있으면 나물도 맛있어 164

채소를 완전식품으로 만드는 나물 요리법 165

맛있는 나물의 삼박자 166

하나를 알면 열을 할 수 있는 생나물 조리법 168

_살아 있는 밥상13: 새콤달콤한 무생채 169   고소한 무생채 170

_살아 있는 밥상14: 도라지생채 171

무침나물로 나물의 기본 익히기 173

_살아 있는 밥상15: 시금치나물 174   _살아 있는 밥상16: 냉이된장무침 176

_살아 있는 밥상17: 고춧잎고추장무침 178

_살아 있는 밥상18: 가지냉국 180

나물2. 묵나물 먹으며 겨울나기 182

햇살과 바람을 담은 묵나물 183   _나물 말리기 184

묵나물과 볶음나물을 동시에 188

_살아 있는 밥상19: 시래기된장나물 189

_살아 있는 밥상20: 고사리나물(보름나물) 191

_살아 있는 밥상21: 애호박오가리들깨볶음나물 193

삶을 윤기 나게- 우리 들기름, 참기름, 동백기름 195

_아는 만큼 건강해진다8: 기름 196

참기름 들기름 사랑 199

_숨 쉬는 양념 만들기13: 들깨, 양념으로 먹기 201

3부 우리 몸, 우리 손에 맞는 곡식 이야기

지금 여기 삶에 충실해지는 밥 이야기 208

가장 단순하면서도 온갖 걸 품에 안는 '밥' 208

햅쌀이 정미기에서 주르르 나오면 210

잘 씹어 먹는 비법? 밥 따로 반찬 따로 214

밥에도 제철밥이 있어 217

우리나라 땅에는 잡곡농사가 알맞아 219

조가 아닌 좁쌀, 기장이 아닌 기장쌀 221

_살아 있는 밥상22: 기장깍두기 223

아이들 키를 쑥쑥 크게 하는 수수와 옥수수 224

_살아 있는 밥상23: 수수부꾸미 227

보리밥, 밀밥은 여름밥 229

한여름 자글자글 타는 햇살 아래서 229
여름맛의 향연, 보리밥에 강된장 230
_살아 있는 밥상24: 보리밥 233
_살아 있는 밥상25: 호박잎쌈 235   강된장 236

겨울에는 천연지방이 듬뿍 든 밥 238

우리 민족과 오래도록 살아온 밤, 대추 238
밤, 대추가 보석처럼 박힌 약밥 240   _살아 있는 밥상26: 과일약밥 241
천연지방이 똘똘 뭉친 귀한 호두 244   _살아 있는 밥상27: 호두밥 246
하늘과 소통하는 잣나무가 2년 길러 낸 열매, 잣 247
_살아 있는 밥상28: 잣참쌀밥 249
서민을 위한 착한 견과, 땅콩 251   _살아 있는 밥상29: 땅콩호박죽 253

만드는 재미 먹는 재미, 여러 가지 떡 255

쑥쑥 먹고 쑥쑥 자라는 봄 256   _살아 있는 밥상30: 쑥버무리 258
아이 생일엔 수수팥떡을 260   _살아 있는 밥상31: 수수팥떡 262
식구가 모두 둘러앉아 송편을 빚어 보자 265
_살아 있는 밥상32: 밤송편 267

찬밥의 변신, 누룽지 270

_살아 있는 밥상33: 누룽지 272   _살아 있는 밥상34: 고소한 누룽지탕수 275

콩1. 하루 한 가지씩 콩 요리 277

_살아 있는 밥상35: 할머니가 생각나는 콩밥 279
순수한 콩 요리 몇 가지 281
_살아 있는 밥상36: 콩비지 282 _살아 있는 밥상37: 콩국 285
_살아 있는 밥상38: 온몸으로 스미는 두유 287

_살아 있는 밥상39: 염촛물로 순두부 만들기 290

_살아 있는 밥상40: 콩장 291

채소로 먹는 토종 껍질콩, 갓끈동부 292

_살아 있는 밥상41: 갓끈동부채소볶음 293

콩2. 콩의 변신은 무죄 294

집에서 쉽게 콩나물 기르기 294　_콩나물 기르기 296

음식을 구수하게 해주는 날콩가루 298

_살아 있는 밥상42: 냉이콩탕 300

콩3. 해독왕 녹두 302

몸과 사회의 해독능력을 책임지는 녹두 303

_살아 있는 밥상43: 간편 현미녹두죽 305　_살아 있는 밥상44: 녹두백숙 307

여름엔 팥칼국수, 겨울엔 팥떡국 308

한여름 기운이 가득한 팥 308　음과 양의 조화로움 311

_살아 있는 밥상45: 팥칼국수 313　팥떡국 315

밥의 빈자리를 채워 주는 감자와 고구마 316

_살아 있는 밥상46: 통감자전 319

_살아 있는 밥상47: 밥고구마치즈파이 321

맺음말_ 앵두나무 한 그루에서 배우는 자급자족 324

부록_ 열두 달 제철밥상 328

양념, 밥상 만드는 법 찾아보기 📖

○ 일러두기 64

ㄱ 가지냉국 180 | 간장 65 | 강된장 236 | 갓끈동부채소볶음 293 | (통)감자전 319 | 건통고추양념 141 | (부추)겉절이 115 | (밥)고구마치즈파이 321 | 고사리나물(보름나물) 191 | 고추장매실장아찌 118 | 고추장(전통 방식) 125 | 고추소스 128 | 고춧잎 고추장무침 178 | 과일약밥 241 | 기장깍두기 223 | 김장 배추김치 154 | 김치 양념 활용 158, 169 | 김칫국물냉면(김치말이국수) 163 | 깻잎장아찌 66

ㄴ 나물 데치기 173 | 나물 말리기 184 | 날콩가루 298 | 냉이된장무침 176 | 냉이콩탕 300 | 녹두밥 280 | 녹두백숙 307 | 녹두죽 305 | 누룽지 272 | 누룽지탕수 275

ㄷ 도라지생채 172 | 도라지 손질법 171 | 된장국 84 | 된장 맛 고치기 80 | (토마토)된장샐러드 88 | 된장매실장아찌 119 | 된장주먹밥 90 | 두유 287 | (통)들깨 202 | 들깨즙 201 | 들깻가루 203 | 땅콩호박죽 253

ㅁ 맛된장 81 | 매실장아찌 118 | 매실효소차 117 | 무물김치(싱건지) 162 | (새콤달콤한)무생채 169 | (고소한)무생채 170 | 민들레겉절이 116

ㅂ 밤송편 267 | 밥고구마치즈파이 321 | 밥식혜 101 | 배추 절이기 154 | 배추김치 양념 만들기 155 | 보리밥 233 | 부추겉절이 115

ㅅ 소금물매실장아찌 119 | (밤)송편 267 | 수수부꾸미 227 | 수수팥떡 262 | 순두부 290 | 시금치나물 174 | 시래기된장나물 189 | 식초 134 | 식혜 101 | 싱건지(무물김치) 162 | 쌀조청 103 | 쌈장 82 | 쑥버무리 258 | 쑥비지 283

ㅇ 약밥 241 | 양파효소차 113 | 애호박오가리들깨볶음나물 193 | 열무김치 160 | 열무물김치 161 | 염촛물 290

ㅈ 자연발효식초 134 | 자연발효식초 토마토소스 138 | 잣찹쌀밥 249 | 장 담그기 70 | 장 가르기 74 | 저염간장 65 | (쌀)조청 103 | 쥐눈이콩밥 279

ㅊ 청국장 144 | 청국장샐러드 148 | 청국장찌개 150

ㅋ 콩국 285 | 콩나물 기르기 296 | (여러 가지)콩밥 279 | 콩비지 282 | 콩잎된장장아찌 93 | 콩장 291

ㅌ 토마토된장샐러드 88 | 토마토소스 138 | 통감자전 319

ㅍ 팥떡국 315 | 팥칼국수 313 | 풋콩밥 279 | 풋고추효소차 114

ㅎ 호두밥 246 | 호박잎쌈(호박잎 찌기) 235 | 호박조청 104 | (땅콩)호박죽 253 | 효소차 113

1부

식구 공동체,
밥상
협동조합

여성농부로
살아가기

지난해 보관했던 분홍씨감자 상자를 마루로 옮겨 놓았다. '저 속에 든 씨감자 상태가 어떨까?' 조마조마하다. 이럴 때 남편이 큰 원군이다. 어쩐지 혼자서는 겁나지만 둘이면 용기가 생긴다. 둘이 함께 상자를 열고 그 속에 씨감자를 보니 싹이 너무 많이 자라 씨로 마땅치 않은 게 반이지만, 나머지는 그런대로 보관이 잘된 편이다. 별다른 저장시설이 없는 우리가 이만큼 씨감자를 보관한 건 처음이다. 아마도 이 씨감자가 토종감자라 그런 거겠지 싶으니, 씨감자를 만지는 손길이 조심스럽다.

내가 씨감자를 따로 고르는 사이, 남편이 감자 심을 밭에 재를 뿌리러 다녀왔다. 꽃샘바람을 뚫고. 이렇게 둘이서 척척 손발이 맞으니 일이 생각보다 금방 끝날 때가 많다. 하지만 1998년 첫 농사를 지을 때는 이런 날이 오리라고 상상도 못했다.

한 해 농사 밑천 분홍씨감자.

∞ 귀농 15년 이야기

여기서 자기소개 겸 귀농 15년 이야기를 간단하게 해보겠다. 우리가 1996년 서울을 떠날 때는 한마디로 막막했다. 그러다 농사지으며 살아 보기로 마음을 굳히고 산골에 논밭을 마련한 게 1998년. 공기와 물이 맑아, 농약 안 치고 농사짓기 좋을지는 몰라도 서툰 실력에 산골 다랑이 논밭은 너무 어려운 조건이었다. 게다가 나는 남편이 하도 원해서, 마지못해 따라나섰으니 작은 일도 힘겹게 느껴졌다.

남편은 더욱 농사일에 매달렸다. 뭔가를 보여 주지 않으면 아내가 도망갈 판이니까 말이다. 사람이 악으로 깡으로 사니 부부 사이는 팍팍할 수밖에. 그렇지 않아도 모난 인간 둘이 하루 24시간 붙어 지내면서 생기는 일만으로도 벅찬데, 나는 남편한테 이렇게 함께 살아 주는 게 어디냐고 유세를 떨었다. 우리가 얼마나 많이 싸웠는지는 따로 이야기할 필요가 없으리라.

그러던 겨울 뒤끝이었다. 하도 답답해 집을 나왔는데 갈 데가 마땅치 않았다. 그래서 간 곳이 귀농 선배네. 그이는 나에게 간곡하게 말했다. "자연과 친구가 되세요." 자연과 친구가 된다는 게 무얼까? 그 후 열심히 들로 산으로 다녔다. 고추밭에 가서도 일만 하는 게 아니라 고추꽃도 보고, 아기 고추도 보고, 거기 꼬이는 벌레와 바닥에 난 풀도 보았다. 봄에는 산나물을 찾아 산을 헤매고 가을이면 도토리를 찾아 다녔다.

어느 날인가는 처녀 혼자서 귀농한 집에 놀러 갔다. 그이가 살고 있는 집은 마당이 넓은 마을 빈집. 한 바퀴 둘러보니 아래채 처마 밑에 내 손목 굵기의 나무들이 세워져 있었다. 그이가 해다 놓은 땔감이었다. 그 서글픈 땔감마저 내 눈엔 넉넉해 보이지 않건만, 그이는 너무 행복해했다.

우리 집에는 남편이 해놓은 장작이 쌓여 있어도 더 많이 쌓아 놓고 싶었는데……. 과연 남편 없이 나 혼자서도 이 산골에서 살 수 있을까? 그때부터 여기 사는 건 내 선택이고 내 일이 되었다. 전에는 남편 일을 거들기만 하던 논농사. 그 논 중 가장 작은

서툰 실력에 산골 다랑이 논밭은 어려운 조건이었다.

다랑이 하나를 맡아 논둑을 깎고 발라도 보고, 밭농사도 더욱 열심히 했다. 나 혼자 힘으로 자립한다고 생각하고.

이렇게 내가 삶의 주인이 되니 남편과 나 사이에 일이 자연스레 나뉘었다. 남편이 더 좋아하고 잘하는 농사가 있고, 내가 더 좋아하고 잘하는 농사가 있으니까. 토종 씨앗을 구해 모종을 기르고 심어 가꾸는 건 내가 좋아하고, 논에 가서 힘써 일하는 건 남편이 좋아하니, 서로 상대방의 일을 존중하고 격려하면 우리 식구 먹을거리가 골고루 자랐다.

∞ 타고난 모습대로 살아가는 길

'10년이면 강산이 바뀐다'더니, 우리가 여기 처음 올 때와 견주면 말 그대로 강산이 바뀌었다. 농사도 처음에는 해야만 하는 목표였다면, 지금은 안 하면 허전하고 근질거려서 안 할 수 없는 농사, 책 보고 따라 하는 농사에서 우리 형편에 맞는 농사로 바뀌었다.

처음에 남편이 앞장서서 열심이던 때는 솔직히 내가 끼어들 여지가 별로 없었다면, 요즘은 하는 듯 안 하는 듯, 그렇게 같이 농사일을 한다. 우리는 기계로 밭을 갈지 않는다. 그래서 지난해 가을걷이를 한 밑동이 남아 있다. 그 사이사이에 올해 새로운 씨를 심는다. 봄이 오면 아직 아무것도 심지 않은 밭에 헛김을 매기도 한다. 그러면서 드는 생각이, '우리는 곡식을 가꾸는 게 아니라 땅을 가꾸는구나!'

이렇게 하면 지난해 감자를 심었던 자리에서 감자 싹이 드문드문 난다. 감자를 새로 심지 않았는데도 말이다. 지난해 캐지 못한 감자 이삭이 살아남아 새로운 생명을 싹 틔운 거다. 하지가 지나 햇감자를 캘 때까지 우리는 그 공짜 감자를 거두어 먹는다. 그러니 감자를 많이 심지 않아도, 넉넉하게 거둘 수 있다. 또 감자 곁에는 냉이, 달래 같은 나물이 자란다. 지렁이는 이들한테 거름을 주고, 두더지는 땅속을 깊이 갈아 빗물이 잘 빠지게 해준다.

땅을 갈지 않으니 여성인 나도 하고 싶은 만큼, 내 힘만큼 할 수 있다. 내가 일하는 밭에 아이들이 돌아다녀도 위험하지 않다. 자식도 이렇게 키울 수 없을까? 아이한 테서 무슨 결실을 보려고 하기보다 아이가 타고난 모습대로 살아가게 도와줄 길은 없을까?

큰애가 중학교에 들어가던 해, 면에 있는 학교에 다녀 보니, 아이는 새벽에 집을 나서서 어두워져야 돌아왔다. 아이랑 함께 살아도 함께 사는 게 아니었다. 그래서 학교를 그만두고 집에 있기 시작했다. 어떤 이는 홈스쿨링을 하느냐고 묻는데, 전혀 아니었다. 처음 몇 달 내가 불안해서 아이를 붙잡고 공부한 적은 있지만, 그 뒤부터 저 혼자 알아서 자라고 있다. 가만 놔두니 아이는 한동안 잠만 잤다. 그렇게 몇 년을 늘어지게 자더니 뽀지락뽀지락 움직이며 이것도 배우고 저것도 배운다. 늘 중심은 집에 두고서 말이다. 아이 말이, 집이 가장 편하고 좋단다.

서울을 떠날 때 초등학교 2학년이던 여자애는 이제 사회에서 자기 몫을 하는 성인이 되었고, 배밀이를 하던 작은애는 주민등록증이 나온 총각으로 자랐다. 전에는 먹

기 위해서 사는 사람처럼 아구아구 먹어대더니 이제는 밥상머리에서 살아가는 이
야기를 한다. 한번씩 훌쩍 바깥나들이를 하고 돌아오면 세상 이야기를 들려주고 새
로운 걸 우리한테 가르쳐 준다. 이렇게 우리 부부는 아이들 덕에 10대, 20대의 눈으
로 이 세상과 만날 수 있다.

∞ 같은 일을 하며 같은 걸 추구하는 삶

올해도 우리 부부는 힘닿는 만큼 농사지어야겠지만, 글도 써야 할 처지다. 우리가 쓰
는 글은 산골에서 살아가는 이야기로, 글쓰기는 내가 여기서 농사짓는 삶을 긍정하
고 내가 기르는 곡식 하나하나를 늘 새롭게 바라볼 수 있도록 해준다. 막연히 알던
것도 글로 쓰려면 좀 더 정확하게 봐야 한다. 그 덕에 늘 공부할 수 있고, 알면 알수
록 농사짓기가 재미있다.

우리가 먹는 쌀 한 톨, 배추김치 한 포기 그 어디에라도 우리 부부의 손길이 함께 들
어 있듯, 내가 쓴 글에도 남편이 쓴 글에도 둘의 손길이 들어 있다. 평소에 함께 이야

나란히 부부 모내기.

기를 많이 하긴 해도, 글로 정리하고 그걸 서로 돌려 읽으면 더 깊이 공감할 수 있다. 땅 설고 물 선 산골에 살기 시작한 지 15년. 어느덧 부부가 같은 일을 하며 같은 걸 추구하며 산다. 자연에서는 암수가 함께 어우러져 살아간다. 저마다의 방식으로. 이른 봄 까치 한 쌍이 함께 집을 짓는 걸 보며 '참 보기 좋다', 그런 생각이 드는 순간, 나도 모르게 그걸 닮고 싶어진다. 남녀가 동등하면서도 자연스러운 관계가 무얼까? 부부 공동체, 그걸 찾아가는 길에 서 있다.

온전한 생명을
먹으려면

∞ 암탉의 마음 알아주기

아침에 고추 모종을 기르는 비닐집에 문안 인사를 드리고 돌아오는데, 닭장이 소란
스럽다. '꽤꽤꽤액 푸드드드……' 닭장 안을 들여다보니 엊그제부터 알을 품기 시작
한 암탉이 알자리에서 내려와 돌아다니며 소란을 떨어서 중병아리들은 한쪽에 웅크
려 있고 수탉만 암탉이 하는 양을 쳐다보고 있다. 마루문을 열면서 남편한테 그 이
야기를 하니 설거지를 하던 남편이 뛰어나간다. 그러더니 돌아와서, "당신, 정말 애
낳아 본 거야? 암탉이 알 품다가 목도 마르고 배도 고파서 내려온 거잖아."
남편이 차근차근 알려 준다. 알을 품던 암탉이 그러는 건 암탉이 알을 낳고 나서 꼬
꼬댁거리는 것하고 비슷하면서도 조금 다르단다. 나 훌륭한 일을 했으니 알아달라
는 건 비슷하지만, 알을 품을 때는 목털을 세워 아무도 건드리지 말라고 표시하면서

어미 품에서 태어나 자란 닭이라야 병아리를 품을 줄 안다.

서둘러 먹는단다. 알이 식기 전에 얼른 품으러 가야 하니까, 수탉은 물론 다른 암탉 들에게 경고를 보내는 거라고.

아 창피하다. 같은 어미인데 나는 왜 그걸 모를까? 키우는 사람이 암탉의 마음을 몰 라주면 암탉도 편안하게 알을 품을 수 없을 텐데…….

이 세상에 점점 어미가 품어서 깐 병아리는 사라져 간다. 시장에서 파는 닭은 물론 이고 시골 동네도 어미가 깐 병아리를 구하기 어렵다. 대부분 부화장 기계에서 태어 난다. 그런 병아리들은 암탉이 되어 알을 낳아도 품을 줄 모른다. 우리 사람도 비슷 하지 않은가. 우리 어머니 세대는 집에서 아이를 낳아도 숨풍숨풍. 그것도 자식을 여 럿 낳았는데, 요즘은?

∾ 토종씨앗을 품은 사람들

3월 중순, 수원에 올라갔다. 토종씨앗 모임인 '씨드림'의 모임에 참석하러. 옛 서울농 대 자리를 지나 농촌진흥청 유전자원센터를 찾아가니 반가운 얼굴이 있다. 우리나 라 토종종자 지킴이이신 안완식 박사님, 3년 전부터 토종종자 지키는 일에 나서 오 늘 이런 자리를 만든 전국여성농민회총연합(전여농), 그리고 전국귀농운동본부, 흙 살림, 씨앗의 소중함을 아는 농민 여러분이 전국에서 참석했다. 그런데 이 자리에 농사를 짓지는 않지만 토종씨앗의 소중함을 알아주는 이가 왔으니 여성민우회 생 협 식구들이다.

우리가 먹고 사는 농산물. 이건 오랜 세월, 농부의 손에서 손으로 내려온 씨앗이 있 어 가능한 거다. '말도 안 되는 쓸데없는 소리'라는 뜻으로 옛말에 '귀신 씨나락 까 먹는 소리'라는 말이 있다. 농사꾼은 물론이고 아무리 귀신이라도 씨가 되는 씨나 락을 까먹을 리 없다는 이치에서 나온 말이다. 씨앗은 그만큼 소중하다. 이렇게 소 중한 씨앗은 대대로 여성의 손으로 갈무리되어 왔다. 안 박사님 말씀이 토종씨앗을

씨드림 모임에서 씨앗을 나눈다. 보물을 바라보는 눈빛들.

수집하러 다니면 다 할머니들이 씨앗을 꺼내 놓지 할아버지를 만나면 허사란다. 아마도 여성이 아이를 낳아 기르는 일과 연관이 있지 싶다. 그런데 이런 농부가 점점 사라져 간다.

현대기술이 발달하면서 종자개량 역시 눈부시게 발달했다. 그러니 재래종은 상품성이 떨어지고 농사 역시 돈벌이를 위한 일이 되었다. 배추밭을 잘 가꾼 농부가 그 배추를 먹을 수 있을까? 그렇지 않다. 밭떼기로 팔았기 때문에 그걸 거두는 권리는 그 밭을 산 상인 손에 있다. 배추는 내가 먹을거리가 아닌 돈벌이일 뿐. 이렇게 농사를 지으려니 최신 다수확 품종의 씨를 사서 심는다. 한 해 두 해 씨를 사서 심다 보니 농부는 대대로 이어오던 씨앗을 잃고, 씨앗은 점점 전문기업의 손으로 들어가 버렸다. 전문기업은 세계 시장논리를 따라 움직인다. 곡식의 생명을 기르고 대를 잇는 대가로 먹고 살던 인간의 세계가 바뀐 거다. 돈벌이가 된다면 뭔 짓이라도 할 수 있는 세상으로.

∞ 씨앗이 살아야 사람도 산다

지금 세상은 씨알이 굵고 때깔 좋은 농산물이 넘치지만, 그 농산물 안에 생명의 기운도 넘칠까?

종자개량 자체는 인류 역사에 아주 소중한 일이다. 야생콩에서 지금의 메주콩으로, 야생벼에서 지금의 벼로 종자를 개량한 덕에 인류가 먹고 살 수 있었으니까. 한데 지금은 인류의 생명이 독점 기업 손아귀로 들어가게 생겨서 문제다.

얼마 전 기사를 보니 야생콩, 우리나라가 원산지인 유일한 곡식인 야생 상태의 콩을 우리나라보다 미국이 더 많이 수집해서 가지고 있다는 내용이었다. 이렇게 되면 그 유전자를 이용해 만든 씨앗의 로열티는 미국의 것. 우리 야생콩으로 만든 씨앗을 미국에 돈 내고 사 먹어야 할 날이 올 수도 있다는 소리다. 21세기는 '유전자원 전쟁시대'라는 이야기가 실감 나는 대목이다. 우리랑 함께 오랫동안 살아온 씨앗이 하나하나 사라지는 일이 우리의 생존과 어떤 관계가 있을까?

붉은 고추를 사서 그 씨를 받아 다시 심으면 어미 같은 고추가 달릴까? 아니다. 고추는 고추이되 이상하고 볼품없는 고추가 달리게 된다. 우리가 먹는 농산물 대부분이 이처럼 씨앗을 제대로 대물림할 수 없게 되어 버렸다. 이런 현실에 가장 먼저 눈 뜬 곳이 여성농민조직인 전여농으로, 전국에 흩어져 있는 토종씨앗 지킴이들을 불러 모았고 그 모임은 '씨드림'으로 발전할 수 있었다.

농사를 지어 보니 양이 많고 때깔은 좋으나 씨가 죽어 있는 게 있고, 양은 적을지라도 씨가 살아 있는, 그러니까 생명이 온전한 게 있다. 이 두 가지에서 선택해야 한다. 닭을 길러도 시장에서 파는 육계 병아리를 사다가 기르면 살도 금방 찌고 먹을 것도 많다. 하지만 이 육계는 자기가 알을 낳고도 그 알을 품을 줄 모른다. 어미가 품어서 깨어난 병아리는 구하기도 어렵지만 천천히 자라며, 다 자라도 몸집이 작으니 먹을 나위가 없다. 이 둘 사이에 어느 걸 선택할 것인가? 나는 우리 아이들을 위해 토종닭을 선택했다. 우리 아이들이 온전해지기를 바라는 마음에서. 달걀을 한 알 먹어도 생명이 오롯이 담긴 달걀을 먹이고 싶어서.

손수 농사를 지을 수 없는 독자들에게는 이런 도움말을 드리고 싶다. 우리 토종씨앗이 살아 있는 게 무얼까. 수수, 기장, 조, 녹두. 이런 잡곡은 국내산만 고르면 토종이다. 쌀, 보리, 밀과 같은 주곡은 국내산이라면 꼭 토종은 아니더라도 종자가 안정적이다. 그렇다면 종자개량이 많이 되어 문제인 게 무언가? 배추, 고추, 수박 같은 특용작물. 또 외국에서 들어온 지 얼마 안 되는 서양산 채소와 열매들. 육종기술이 순식간에 발달한 옥수수, 콩들.

암탉의 마음을 읽어야 병아리를 만날 수 있듯이, 곡식들 마음도 읽어 내는 지혜가 필요한 세상이다. 우리가 먹는 곡식도 자기 씨앗을 온전히 남길 때 행복하지 않겠나.

보석이나 다름없는 소중한 씨앗.

검은 건 찰옥수수, 노란 건 팝콘옥수수.

면역력 높이는
방법

∞ 겨울에는 추운 게 당연해

신종플루가 우리를 떨게 한 적이 있다. 하지만 가만 따져 보면 꼭 '신종플루'가 아니더라도 뭔가 강력한 전염병이 계속 이 세상을 떠돌지 않겠나. 사람들은 면역력이 약해질 대로 약해지고, 병원균은 살아남기 위해서 진화할 수밖에 없는 형편이므로. 그래서 '면역력'이 화두다. 특히 겨울이 오고 아이들이 쉽게 감기에 걸리면 더욱 걱정이다. 그게 무서워 미리미리 독감 예방주사를 맞히지만, 과연 그걸로 될까?

나는 의사도 학자도 아닌 시골 아줌마다. 시골 아줌마가 '면역력'에 관해 한마디 해 볼까 한다. 겨울나기에 참고하시길 바란다.

면역력이란 자연의 흐름에 따라 살아야 얻을 수 있다고 생각한다. 사람 몸도 자연이니까. 자연의 흐름을 따른다는 게 무언가? 그 답은 한마디로, '겨울에는 겨울답게 살고 여름에는 여름답게 살아라.' 동의학 고전 『황제내경』 역시 여기서부터 시작한다. 겨울은 "모든 문을 닫고 집 안에 틀어박히는 계절이다. 저녁에 일찍 자고 아침은 늦도록 자리에 누워 해가 떠서 일어나고……."

들판의 모든 생명이 이렇게 지내지 않는가. 동물들은 겨울잠을 자기도 하고, 나무들도 생명활동을 중단하고 쉰다. 이처럼 겨울은 겨울잠 자듯 고요하게 보내야 하는 때다. 복잡한 현대사회에서 이렇게 살기는 어렵지만 겨울에는 흥분할 만한 일을 되도록 벌이지 않는 게 낫는 거다.

그리고 겨울에는 좀 춥게 지내야 한다. 전희식님이 쓴 『똥꽃』에 보면 치매에 걸려 오줌똥을 못 가리고 몇 년이나 기저귀 신세를 진 도시 할머니가, 시골 사는 자식 집으로 와서 추운 겨울을 보낸 뒤 기저귀를 떼는 대목이 나온다. 이런 기적 같은 일은 피부가 피부답게 자기 할 일을 되찾았기 때문에 가능했다.

한겨울을 나는 대파.

아이들이라면 한낮 햇볕이 따스할 때 땅을 밟고 뛰어놀도록 해야 한다. 자유롭게 뛰어놀다 보면 숨도 깊게 쉬어 몸 구석구석으로 산소가 퍼지고, 땀이 나 노폐물을 빼낼 수 있다. 이렇게 못한 날에는 임시방편으로, 잠자리에 들기 전 찬물과 더운물에 번갈아 발을 넣는 족탕을 하는 것도 좋다.

∞ 제발 병아, 와달라고?

그다음이 먹기. 우리 몸은 쓰레기통이 아니다. 한두 번은 괜찮겠지, 하면서 먹는 게 몸에 쌓인다. 독이 쌓이면 병을 부르고, 10년 20년이면 암을 부른다고 한다. '제발 병아, 와달라'고 비는 꼴이다. 제대로 먹으려면 어떻게 먹어야 할까? 제철에 먹고, 되도록 단순하게, 통째로 먹자.

햇살을 머금은 마른 나물로 차린 겨울밥상.

그렇다면 겨울에는 어떻게 먹어야 할까? 밀과 보리는 여름음식으로 우리 몸을 차게 하니 밀가루 음식을 멀리하면 할수록 좋다. 그렇다면 따스한 기운을 담고 있어 우리 몸을 따스하게 감싸 주는 건 무얼까? 찹쌀, 기장, 조, 수수다. 태국은 더운 나라라 안남미(인디카종 쌀)를 기른다. 하지만 소나무가 자라는 북부 치앙마이 고산족은 찹쌀을 즐겨 먹는다. 추운 계절에는 찰기가 있는 찹쌀, 찰기장, 찰수수가 어울린다. 더불어 겨울에는 마른 나물이 좋다. 오이, 풋고추, 애호박같이 물기 많은 여름채소가 아닌 시래기, 무말랭이 같은 마른 나물을 많이 먹자.

추위를 견디려면 지방이 필요하다. 동물성 지방이 아닌 식물성 지방을, 그것도 되도록 천연지방으로 먹어야 한다. 잣, 호두를 날마다 한 움큼씩 까서 먹으면 좋지만, 서민들에겐 땅콩과 들깨가 최고다. 가을에 국산 땅콩과 들깨를 넉넉히 구해 겨우내 반찬에도 넣어 먹고, 간식으로도 먹어 보자.

추울 때는 아무래도 단 게 땡긴다. 단시간에 몸에 열량을 주기 때문인데, 옛 어른들은 겨울에 쌀엿을 고아 먹었다. 하지만 지금은 단 정도가 지나치다. 사서 먹는 음식에는 온통 당이 들어가 있다. 설탕, 맥아당, 올리고당…… 아이들이 단맛에 길들면 곡식의 담담한 맛, 채소의 개성 있는 맛을 멀리하고 오로지 달거나 기름에 튀긴 강렬한 맛을 좋아한다.

내 경험에 단맛에 길든 입을 바꾸려니, 5년으로는 모자라고 10년 가까이 장기전을 치러야 하더라. 아이가 단걸 얼마나 먹는가만 보아도, 그 아이의 면역력을 가늠할 수 있다. 아이의 면역력을 기르려면 부모는 단맛과 전쟁을 치를 각오를 해야 한다.

∞ 똥 잘 누고 잠 잘 자고

마지막으로 몸의 자연성을 지키는 일이다. 몸의 자연성이라니 뭐 거창한 거 같지만, 똥 잘 누고 잠 잘 자면 되는 일이다. 전날 먹은 거를 그다음 날까지 뱃속에 담고 다니는데 건강할 사람이 어디 있겠는가. 전날 먹은 걸 비우고 새로운 날에는 새로운 몸으로 거듭 태어나야 한다. 똥을 잘 누려면 음식을 통째로 먹는 게 좋다. 가루로 만든 빵보다는 통쌀로 만든 밥, 백미보다는 현미, 고기보다는 나물……. 또 내장이 잘 움직이도록 운동을 하고 긴장을 풀고 편안하게 하루를 보내야 한다.

서양 그림책에 보면 아이가 잠자리에 누워 잠이 안 와 고생을 하는 이야기가 많다. 유럽에서는 아이를 8시도 안 되어 재운단다. 아이든 어른이든 일찍 잠자리에 드는 건 참 좋은 습관이다. 동의학에 따르면 밤 9시부터 12시까지는 '잠' 자는 때란다. 이 때 한 시간 잔 게 다른 때 두어 시간 자는 거에 맞먹을 만큼. 이렇게 하는 게 참 어렵긴 하지만 밤에는, 그것도 겨울처럼 밤이 빨리 찾아오는 계절에는 일찍 잠자리에 들도록 노력하자. 한 시간 일찍 자는 게 보약 한 대접 먹는 것보다 몸에 달다. 잠을 일찍 자려면 낮에 몸을 충분히 움직여 노곤해야 한다. 그리고 저녁을 해 지기 전에 먹고 일찍 자자.

면역력을 기르는 일은 하루아침에 결과가 보이지 않는 지루한 일이다. 사람 사는 일이 교과서대로만 되지 않는 법이니 하루에도 여러 번 자기 금기를 깨뜨린다. 우리를 유혹하는 게 너무 많으니까. 그만큼 자주 돌아보고 새롭게 다짐을 해야 스스로 지킬 수 있다. 식구가 모여 함께 책을 읽고 이야기를 나누고, 누군가가 아프면 그걸 기회로 다시 한 번 공부하며 자기 몸을 스스로 지켜 나갈 때 맑은 공기처럼 면역력이 우리 몸에 스며들지 않겠나. 믿으면 그걸 이룰 수 있는 게 사람이다. 다시 한 번, 우리 자신을 돌아보자.

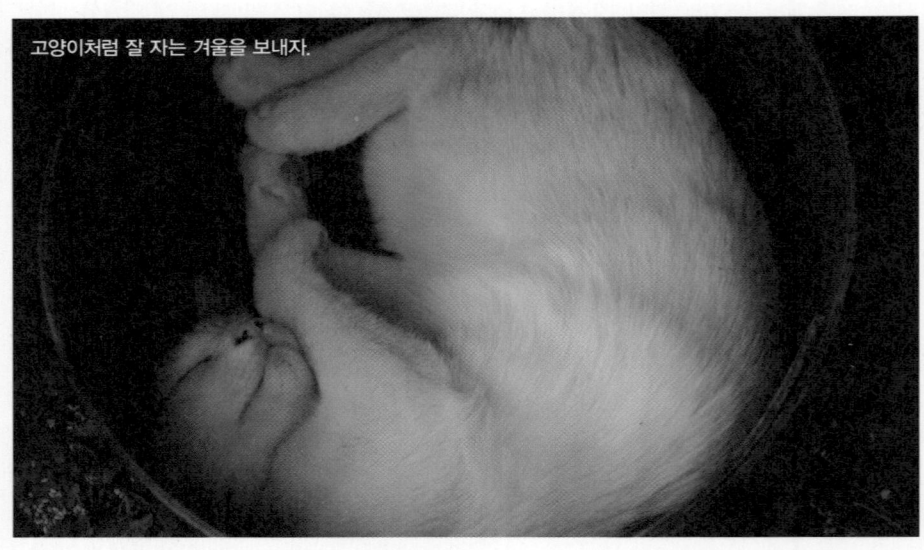

고양이처럼 잘 자는 겨울을 보내자.

아이들과 함께
밥해 먹는 이야기

미국산 소고기 수입이 기폭제가 되어 '지금 우리가 먹는 게 안전한가?' '우리가 정말 잘 먹고 살고 있는가?'를 되새겨 본다. 양으로 본다면 우리는 지금 무척 풍요로운 시대를 살고 있다. 몇십 년 전 배고팠던 흔적이 보이지 않을 만큼, 먹을거리가 풍성하다. 도시를 지나가다 보면 길 양쪽으로 먹을거리가 넘친다. 한 집 걸러 하나씩은 있는 식당, 가게, 노점상. 마트에 들어가면 온갖 먹을거리가 가득 쌓여 있다. 하지만 이렇게 풍요로운 걸 마냥 즐기기만 할 수 있을까?

이렇게 넘쳐 나는 먹을거리가 제대로 된 건가를 생각해 봐야 한다. 고기는 대량사육이라는 문제로 사람한테 치명적인 병을 불러올 수 있고, 온갖 가공식품 속에 들어 있는 첨가제를 하루 이틀도 아니고 10년, 20년 꾸준히 먹으면 그 결과는 현대병으로 나타난다.

나는 이 모든 문제가 먹을거리가 돈이 되면서 생겼다고 본다. 장사꾼이나 식품가공 공장을 운영하는 이들은 말할 것도 없고 농사지어 파는 농부도, 소나 닭을 길러 파는 축산업자도 '돈'을 위해서 일한다. 한마디로 내 입에 들어가는 게 아니니 돈만 많이 받을 수 있다면 그만인 거다.

∞ 자식 덕에 먹기

이런 먹을거리가 넘치는 세상에서 잘 먹는 방법은 자식 덕을 보는 것이다. 먹는 게 어째서 자식 덕을 보는 일이 되는 걸까?

도시에서 회사에 다니는 조카가 있다. 그 조카 집 냉장고에는 물만 들어 있다. 몇 번을 손수 해먹어 보려고 노력했지만 먹는 것보다 상해서 버리는 게 더 많더란다. 결국은 포기하고 끼니는 아예 사서 먹는단다. 그러면서 하는 말이 해먹는 것보다 사 먹는 게 더 싸게 먹힌다나. 자기 입으로 들어가는 음식까지 돈으로 환산하는 세상이다. 이렇게 살던 사람도 결혼하고 아기를 낳으면 바뀐다. 어느 부모가 내 아이한테 좋은 걸 먹이고 싶지 않겠나. 전에는 귀찮다고 안 하던 온갖 요리를 시작한다. 전에는 누가 유기농산물을 찾아 먹으면 얼마나 건강하게 살려고 저러나 하고 코웃음 쳤다면, 이제는 뭘 하나를 봐도 친환경인지, 거기 들은 성분이 뭔지 깐깐히 따진다. 애가 먹어 봐야 얼마나 먹는다고 아이 먹인다는 목적으로 집에서 밥하는 날이 많고, 더 나아가 간식까지 손수 만들려고 제빵과정을 듣는다. 이런 집 냉장고에는 먹을거리가 그득하고, 부엌에서는 기름 냄새 고춧가루 냄새가 폴폴 난다.

아이가 자람에 따라 전에는 한번도 싸본 적이 없는 김밥도 솜씨 부려 쌀 일이 생긴다. 그리고 아이가 입이 짧아 걱정이라며 아이랑 함께 김치도 손수 담가 보고, 주말농장까지 시작해 상추야 방울토마토야 손수 길러먹어 본다. 이 모두 아이를 낳지 않았다면 상상할 수 없는 일이리라. 게다가 아이가 아토피라면 더욱 열심이다. 아토피

강냉이 튀겨 먹으려고 어른, 아이 우르르 옥수수를 깐다.

에 고기나 달걀, 우유가 안 좋다고 갑자기 밥상이 풀밭으로 바뀌고, 생활협동조합에 가입해 먹을거리 공부도 열심히 하고 시청 앞 광장 촛불 집회에도 나가 촛불을 든다. 결혼해서 아이 낳아 똥 기저귀 빨다 보면, 결혼하지 않고 자기 일을 하는 친구가 참 부러울 때가 있다. 그이를 만나면 나보다 몇 년은 젊어 보이고, 사는 이야기를 들으면 멋지다. 그러다 시간이 좀 더 흘러 어느 순간 그 친구가 팍삭 나이 들어 보이는 순간이 있다. 집밥을 먹고, 안 먹는 것에서 생기는 변화가 아닐까?

혼자 사는 사람은 밥을 제대로 챙겨 먹기 어렵다면, 아이를 기르는 집은 어쨌든 날마다 집밥을 해댄다. 손수 음식을 만들다가 날당근이 맛있어 보여서, 만들면서 한 입 오물오물 씹어 먹고 먹다 남기면 아까우니 나머지까지 다 먹는다. 전에는 안 먹던 나물, 채소도 아이 입맛을 바꾼다고 열심히 먹었다. 자식을 위한다고 했지만 결국은 내가 더 많이 먹었구나!

몇십 년 전 우리 자랄 때는 아버지 입맛에 따라 밥상이 달라졌다. 아버지가 잘 드시면 자주 올라오고, 안 드시는 건 여간해서 올라오지 않았다. 한데 지금은 아이들 입맛에 맞춰 짠다. 어느 엄마가 아이가 밥 잘 먹게 해준다는 반찬을 준비하지 않으리오. 그 덕에 어른까지 몸에 좋은 걸 먹게 된다. 이러니 자식 덕을 본 셈이 아닐까. 요즘처럼 아이 중심으로 돌아가는 세상에서 자식을 낳고 기르다 보면 저절로 부모 건강까지 좋아진다. 어른들 말씀이 "다 자기 먹을 거 가지고 태어난다" 한다. 이제는 "자식 덕에 부모까지 잘 먹고 산다"로 바꾸어야 할 판이지 않은가.

우리 기왕 자식 덕을 볼 거면 제대로 자알 보자. 자식 입에 들어가는 밥을 우리 손으로 자급하는 나라. 그래서 안심하고 먹을 수 있는 나라로 만들어야겠다.

∞ '밥해 먹기'가 주요 과목

우리 두 아이는 학교에 다니지 않고 집에서 자랐다. 그렇게 아이를 키우다 보니, 남

아이, 그 작은 손으로도 만두를 빚는다.

들은 홈스쿨링을 하는 줄 알고 대단하다고 한다. 말 그대로 홈스쿨링이라면 내가 교사가 되어 아이를 가르쳐야 한다. 물론 처음에는 해보려 했지만 오래지 않아 엄마 노릇 하나라도 제대로 하는 게 중요하다는 걸 알았다. 초등학교를 졸업한 큰애에게 혼자서 공부하는 법을 가르쳐 주고 선생 노릇 끝! 그런 누나를 보고 자란 작은애는 초등학교를 한 달 만에 그만두고 처음부터 독학의 길로 나섰다.

집에서 학교 노릇을 하지 않는다고 해도 "그래도 가르치시는 게 있지 않아요?" 이런 질문을 받는다. 우리가 열심히 한 걸 공부라고 부른다면 '밥해 먹기' 과목을 꼽을 수 있겠다.

벌써 몇 년이 되었는지도 가물가물한데, 몇 년 전부터 우리 집 아이들은 하루 한 끼 밥 당번을 시작했다. 큰애는 열여덟 살부터 어린이 잡지 「개똥이네 놀이터」에 〈열두 달 토끼밥상〉을 연재했으니 자기 일삼아 밥 당번을 했겠지만, 누나랑 일곱 살 차이가 나는 작은애는 아직 어린 나이에 밥상전선으로 몰린 셈이다.

어린아이가 할 수 있는 부엌일이란 게 뻔하다. 달걀프라이. 식구 입맛에 맞춰 누구는 노른자를 터뜨리고 누구는 노른자를 살리고. 그거 하나를 해도 어떤 때는 소금 넣는 걸 깜빡 잊고, 싱크대 둘레를 잔뜩 어지른다. 그렇게 한 발자국 한 발자국 하루 한 끼 밥 당번을 시작했다.

작은애가 즐겨 한 요리는 누나의 『열두 달 토끼밥상(도서출판 보리)』 레시피인 '김칫국물볶음밥'. 김치를 송송 썰어 넣는 김치볶음밥과 달리 밥에 김칫국물만 넣어 볶는 볶음밥이다. 간단하고 빠르고 또 맛도 제법이다. 이 김칫국물볶음밥을 한참 하더니 깨소금을 얹기도 하고, 피자치즈를 얹기도 하며 때로는 김가루를 얹는 등 응용을 해 손님이 오시면 그분 입맛에 맞춰 만들어 내기에 이르렀다.

아직 손이 고사리인 어린애가 무얼 만들어 주면 모두 "맛있다, 맛있다" 하기 마련. 칭찬은 고래도 춤추게 한다던가. 여기에 아이 역시 자기도 집안에서 한몫하고 싶다는 마음이 있었으리라 생각한다.

작은애가 하루는 "술을 빚어 보고 싶어요"라고 한다. 아이가 학교에 다니지 않으니 시간은 차고 넘치고. 우리 역시 학교의 경쟁에서 벗어나 여유가 생기서 아이가 뭘 하고 싶다니 지원해 줄 수가 있었다.

그렇게 해서 열한 살이었던 작은애가 처음으로 술을 빚기 시작했다. 만화 『식객』에 나온 대로 따라 한다. 맨 먼저 누룩 법제. 지난여름 디뎌놓은 누룩을 가져다주니 누룩을 망치로 두들겨 콩알만하게 부수고, 그걸 햇볕에 쬐고 밤이슬을 맞히는 법제를 혼자서 잘하더라.

그다음에는 술쌀을 달란다. 술 빚을 만큼 쌀을 덜어 주었더니, 그걸 열심히 씻는다. 백세(百洗), 그러니까 백 번 문질러 씻는다. 그 술쌀을 시간 맞춰 불리더니 이번에는 술밥을 쪄달란다. 술밥이 다 되자 술밥과 누룩을 열심히 치댄다. 밥과 누룩을 하얀 실이 나오도록 열심히 치댄다. 그 가녀린 팔로.

잘 치댄 술밥을 술 항아리에 넣고 밥물 잡듯 자작자작하게 물을 맞추는 걸 도와주었다. 그리고 술 항아리는 늘 하듯 안방에 놔두었다. 술을 앉히고 나자 아이는 들며 나며 술 항아리를 열어 들여다본다. 온도계를 하나 꽂아 온도도 확인한다. 이렇게 애지중지하는 사이 술이 부글부글 끓기 시작한다. 술이 끓을 때 보면 '부글부글' 하면서 공기 방울이 터진다. 이때 온도는? 100℃일까? 아니다. 27~28℃로 30℃가 넘으면 온도를 낮추는 소동을 벌여야 한다. 라이터 불을 켜서 이걸 술 항아리 들머리에 넣으면 이산화탄소 때문에 불길이 꺼진다. 아이가 술을 빚으려 했던 까닭은 바로 이걸 보고 싶었기 때문이란다.

우리 부부는 아이가 빚어 준 술을 한 독 가지게 되었으니 아이도 만족하고 어른도 만족하는 술 빚기가 이루어졌다. 사진 창고를 한참 뒤지다가 그 무렵 사진을 한 장 발견했다. 아이가 빚은 술을 새참으로 마시는 아버지의 모습. 그 모습을 보는 아이의 얼굴과 눈길을 보라.

∞ 아이와 어른 모두 만족하는 '스스로'

우리 남편은 경상도 남자다. 당연히 시댁은 남자가 부엌에 들어가지 않는 집이다. 결

아들이 담근 술을 새참으로 마시는 아버지.

혼하고 집안일을 나눠 하자고 철석같이 약속했지만, 남편은 할 줄 아는 게 정말 없었다. 시골로 오니 가까이 식당이 있나, 내가 어디를 가면 자기가 생각해도 자기 꼴이 말이 아닌갑다. 그래서 독립인격이 되려면 밥을 할 줄 알아야겠다고 생각했단다. 또 아이들과 함께 지내는 건 같아도 아이들은 아빠가 아니라 엄마를 따르더란다. 왜 그런가 가만 살펴보니, 엄마가 밥을 해줘서라나. 하긴 강아지도 고양이도 밥 주는 이를 따른다. 밥이 곧 힘이라는 걸 알고 자기도 밥을 해보기로 했단다.

남편이 부엌에 들어서면 아이들과 또 다르다. 아이들은 내가 이렇게 하라 저렇게 하라 하면 고분고분 따른다. 한데 남편은 할 줄도 모르면서 제 고집대로 한다. 게다가 이거 내놔라, 저거 내놔라, 그 심부름하느니 내가 하는 게 백 번 편하다. 나물 하나 무치는데 온 부엌이 어질러지고, 그걸 치우라면 엉뚱하게 치우니 그냥 내가 치우고 만다. 돌이켜 생각해 보니 내 질서대로 움직이는 부엌에 남편이 들어와 휘젓는 걸 불편해했지 싶다. 나와 작은애가 한 조, 큰애와 남편이 한 조. 이런 식으로 둘씩 밥상 당번을 짜서 돌아갔다.

같이 밥을 해먹는 게 몇 년이 흐르니 이제는 각자 알아서 밥상을 잘 차린다. 양념이나 요리 재료가 어디에 있는지 모두 공유하고 있어 부엌이 잘 굴러가고 다시 정돈된다. 식구가 모두 하루 한 끼를 요리하니 자기가 먹고픈 걸 해먹을 수 있다. 밖에서 사먹거나 인스턴트로 대충 때우지 않고 한 끼 한 끼가 충실하면서도 누구 하나한테 부담이 되지 않는다. 아이들이 집 밖에 나가 지내도 걱정이 없다. 밥을 해먹는 게 손에 익어 집에서 했던 것처럼은 못해도 자기 한 입 먹을 거는 잘해 먹지 않겠나. 큰애 말이 자기 요리는 '대충대충'이란다. 우리 집 밥상이 그렇다. 그날그날 밭에서 나온 걸로 대충대충 차리기. 그래도 "자꾸 하다 보면 좋아지겠지" 한다.

만일 우리 집이 홈스쿨링을 한 거라면 과목 하나는 정말 잘 잡았지 싶다. 그 덕에 엄마로서 아이들과 즐거운 시간을 가졌고, 아이들에게 평생 간직할 습관을 만들어 주었다. 남편 역시 아이들과 당번을 하면 아이와 할 말이 많아져서 좋단다. 부엌에

어버이날, 아이들이 크레페라는 새로운 걸 만들어 주었다.

서 함께 일하는 사이, 부모와 자식이라는 수직적 관계가 아니라 싱크대에 나란히 서서 일하는 동료가 되니까.

바쁜 일상생활 속 더 바쁜 아이들. 아이가 학교 공부와 상관없는 부엌일을 하겠다면 성가실 수도 있다. 아이가 뭘 하면 일을 하는 게 아니라 일거리를 만드니까. 그래도 아이가 호기심을 가지고 의욕을 내면 한번 해보라고 기회를 주면 어떨까? 아이들도 나름대로 살펴보고 또 살펴본 뒤 자신이 있을 때 하겠다고 하더라. 아이가 갖는 아주 작지만 소중한 관심 하나를 소홀히 하지 않고 잘 살린 덕을 두고두고 보았다.

엄마,
권력을 내려놓다

우리 네 식구는 1년 내내 그리고 종일 함께 붙어 지낸다. 손님이 와도 네 식구가 함께 치러야 하고, 어디를 가도 함께 가는 편이다. 그러다 보니 식구라는 공동체를 잘 꾸려 가는 일이 꽤 중요하다. 밥 당번, 청소 구역 정하기, 그날 할 일 등 누구 한 사람이 일을 벌이면 서로서로 영향을 주고받는다.

∞ 가족 공동체가 준 커다란 상 '밥상안식년'

이렇게 식구가 함께 지내다 보니, 나와 남편 사이의 관계가 얼마나 중요한지. 서로 에너지를 깎아내리거나 북돋는 데 부부 사이만한 게 없는 것 같다. 어느 날 이런 생각이 들었다. 내가 남편을 선택한 행위는 결혼 때만이 아니라 '바로 오늘도' 계속 되고

엄마는 장화 신어 완전무장한 곳을 딸은 맨발로 다닌다.

있구나. 그러면서 얻은 깨달음들. 오늘 이 사람을 남편으로 선택했다면 나는 내 선택에 충실할 필요가 있다는 걸. 그리고 이 사람을 선택했다는 건 그의 좋은 점만이 아니라 모자라는 점도 함께 선택했다는 걸. 가끔 남편이 나한테 야박하게 구는 건 나도 그랬기에 돌려받는다는 걸.

이렇게 생각을 바꾸고 보니 그동안 나는 남편의 '편'을 거의 안 들어주고 있었구나 싶다. 오래전에 읽은 레너드 쉴레인의 『지나 사피엔스』 속 내용이 떠오른다. 여기서 쉴레인은 여성에게 남성의 폭력이 무서운 것처럼 남성 역시 자기 여자, 그러니까 아내에게 자기 체면을 깎아내리는 말을 듣는 걸 언어폭력으로 받아들인다고 말한다. 남편에게는 자기 아내가 자기한테 만족하지 못한다는 느낌이 주먹으로 한 대 얻어맞는 것보다 더한 일이란 소리다.

낯간지럽지만 연극대사 읊듯 남편을 칭찬해 보았다. 그 순간 남편은 감격했다. 가문 땅에 단비를 만난 듯, 그때를 얼마나 기다려 왔는지… 그러면서 혼자 얼마나 외로웠을지……. 그 뒤부터 어떤 선택의 순간이 오면 부부 공동체에 일순위를 두고 살아가려 했고 지금도 그렇다.

조금씩 나를 바꾸어 간 덕에 2009년 큰 상을 받았다. 그 상의 앞뒤는 이렇다. 남편은 온몸으로 책 『피어라 남자』를 썼는데, 부부 공동체이니 나도 그 책을 내는 데 나름 애를 썼다. 그리하여 연말에 원고를 다 넘길 수 있었다. 그날 남편이 밥상에서 아이들에게 하는 말, "내년 1년, 네 엄마한테 '밥상안식년'을 주려고 하는데 너희들 괜찮겠어?"

안식년이라……. 그건 대학교수나 받는 건 줄 알았는데, 내게도 올 수 있다니. 듣는 순간 얼마나 얼떨떨했는지. 그런데 그날 나는 이상하게 맥아리가 하나도 없이 자꾸 드러눕고만 싶었다. 왜 그럴까? 가만 생각해 보니, 나라는 사람을 지지하는 대들보가 식구들 밥상을 책임진다는 것이었구나. 그걸 뺀다고 하니 나도 모르게 맥이 탁 풀렸나 보다.

그런 느낌은 그날 하루뿐. 다음날부터 신이 났다. 아침에 일어나면 습관처럼 짓던 아침을 이제 하지 않아도 된다. 운동하거나 나 하고 싶은 걸 하면서 기다리다가 밥을 먹고 나서도 몸만 빠져나오면 된다. 마치 며느리를 본 옛날 시어머니 팔자다. 애들은 이런다. "괜찮아요, 엄마는 안식년인데요, 뭘."

그 사이 어찌저찌 밥상안식년 소문이 났는데, 다들 너무나 부러워한다. 주부의 로망이 바로 이게 아닐까 싶을 정도다. 나 역시 이리 좋을 수가……

∞ 밥상도 권력이다

그렇게 두 달을 보내며 새롭게 알게 된 게 있다. 1월 초에 이웃과 하는 모임을 우리 집에서 하기로 했다. 겨울 산골에 이웃이 모이면 먹는 일 또한 빠질 수 없다. 이웃이 돌아가고 난 뒤 남편이 이런다. "앞으로 이런 일이 있을 때는 나하고 상의해 줘. 당신이 밥상 차리는 거 아니잖아."

밥상에서 물러나니, 모임을 집에서 벌이려면 가족의 허락을 받아야 했다.

아차! 의무라고, 때로는 귀찮은 일로 여겨졌던 밥상. 그 밥상도 나름 권력이더라. 밥상 차리는 일에서 손을 놓으면 더불어 '밥상 권력'도 함께 사라지는 거다. 전에는 우리 식구는 아이든 어른이든 나한테 묻고, 나를 중심으로 흘러갔는데 이제는 전 같지 않다.

그러면서 며칠 집수리를 했다. 시골 흙집이라 해마다 손을 봐야 하지만, 할 일이 특히 더 많았다. 농사일과 달리 집일은 내가 할 수 있는 일이 많지 않다. 내가 시멘트를 척척 이길 수가 있나, 대못을 쾅쾅 박을 수가 있나. 남편이 벽돌을 쌓으면 그 곁에서 잔심부름하는 보조일을 할 뿐. 전에는 이렇게 집일을 할 때 나는 밥을 짓고 참을 준비하는 '당당한 일'을 했다. 그런데 남편이 집일도 하고 밥도 다 하니 명예퇴직한 기분이랄까?

밥상안식년이 데려간
저녁밥

해가 바뀌어 드디어 밥상안식년이 끝났다. 다시 손에 물 묻히는 인생이 시작되었으니 먼저 그 경과 보고를 하겠다.

남편의 창작물이라는 '밥상안식년'을 난생처음 듣고 바로 다음날인 1월 1일부터 밥상안식년을 시작할 때만 해도 이게 정말로 1년을 갈 거로 생각하지 않았다. 당장 모내기 철이 돌아오면 남편이 새벽부터 일하고 돌아와 어찌 아침을 차리겠는가. 흐지부지되겠지 싶었지만, 내 걱정과 달리 찌그덕삐그덕 어찌저찌 밥상안식년은 365일을 꽉 채웠다. 이게 어디 일생에 두 번 올 기회인가. 내가 잘 받아먹어야 우리나라 주부들도 받아먹을 수 있지, 하는 사명감으로 꿋꿋하게 12월 31일까지 받아먹었다.

밥상안식년 한 해 동안 우리 집에 변화가 생겼는데 그건 저녁이 사라진 거다. 저녁을 안 먹는 건 이렇게 시작되었다. 안식년이 초겨울에 접어들었을 무렵, 점심 당번인

이렇게 밥상안식년을 잘 받아먹었다.

칡넝쿨에 난 작은 털은
칡이 뻗어 가는 방향을 잡아 준다.
저녁을 안 먹는 작은 변화로 삶의 방향이 달라지기도 한다.

큰애와 저녁 당번인 작은애가 연합을 해 점심과 저녁을 하나로 통합해 버렸다. 각자 일거리도 줄고 설거지는 이틀에 한 번만 해도 된다고. 그 뒤 우리 집 밥때는 요상하게 바뀌었다. 아점은 10시, 점(심)저(녁)는 오후 4시로. 안식년이 끝나고 나니 남편과 내가 아점 당번, 점저는 아이들 둘이 당번으로 짝이 맞았다.

밥때를 바꾸려니 조금 진통이 뒤따랐다. 한창 자라는 아들은 하루 세끼를 먹고도 모자라 껄떡대는데 괜찮을 리가 있나. 중간에 간식을 찾는다. 떡, 감자, 옥수수, 고구마처럼 마땅한 게 있으면 다행이지만, 없으면 찬밥이라도 비벼 먹거나 볶아서 먹고 군말이 없다. 이 모두 자발성의 덕분이다.

∞ 저녁에 속을 비우는 게 얼마나 좋은지

이 이야기를 하는 건 염장을 지르려고 하는 건 아니고, 저녁에는 속을 비우는 게 얼마나 좋은지를 말하고 싶어서다. 몇 년 전인지 가물가물한 어느 해 겨울. 하루 세끼를 배불리 먹으려니 이건 아니다 싶었다. 몸을 적게 움직이는데 먹는 건 많으니 몸에 영양이 넘쳐흐르는 기분이었다. 그래서 저녁을 안 먹어 보았다. 밤새 배고프면 어떡하나? 마치 단식을 시작하듯 걱정도 많았다. 생각과 달리 별일 없이 넘어갔다. 일하는 철이 돌아와 점심을 먹고 나서 몇 시간씩 농사일하고 돌아오면 허기가 져서 무어라도 먹는다. 그러다 다시 겨울이 되면 저녁을 건너뛰고. 이렇게 몇 년을 하다 보니 아침이 아주 맛있었다. 맛있으니 배부르게 먹는다. 그런데 아침은 배부르게 먹어도 몸에 무리가 가지 않는 기분이다. 낮 동안 부지런히 움직여서, 먹은 걸 다 써서 그런가 싶다. 점심은 그저 그렇게 먹고 저녁은 대충 건너뛰거나 일이 많은 철에만 간단히 먹고.

이렇게 저녁을 안 먹으면 속이 비어서 편하다. 간단히 간식을 먹을 때도 있지만, 배불리 먹는 일이 없다. 저녁 시간이 여유롭고, 밤에 잠잘 때 몸이 편안하고, 아침이 기다려진다. 몸무게도 일정해 다이어트 효과도 만점이다.

병원에 입원해 보면 저녁을 정말 일찍 준다. 저녁이 이른 건 식당 아줌마들을 위한 꼼수가 아니라 아픈 몸을 치유하기 위한 일이다. 만일 우리가 저녁과 잠자리 들

아침을 배부르게 먹고 낮 동안 부지런히 움직여 먹은 걸 다 써버린다.

기 서너 시간 사이에 아무것도 안 먹고 잔다면, 병원에 갈 일이 없어진다는 소리다.

∞ 좀 심심한 대신 편안해진 삶

요즘 1일 2식을 하는 이들이 적지 않다. 니시 의학에서는 아침을 먹지 않고 점심과 저녁을 먹으라 한다. 안식교에서는 아침과 점심만 먹고 저녁을 안 먹는다. 내 경험에 따르면 하루 몇 끼를 먹느냐보다 더 중요한 건 오후 6시 이후, 그러니까 잠자기 전 두 세 시간 안에는 뱃속을 비우는 거다. 따스한 차를 한 잔 정도 마시는 건 좋지만, 이것 도 잠자기 바로 전에는 안 좋다. 물이 다시 오줌으로 나오는 데 시간이 걸리니까. 과 일은 어떨까? 위장에 부담이 없으니 괜찮을까? 신맛이 나는 과일을 먹는 건 안 좋다. 아기도 젖을 먹여 재우는 건 안 좋지 않은가. 젖을 먹여 재우면 이빨도 상하고, 자는 동안 배에 가스가 찰 수도 있고, 오줌이 나오면 잠을 깊이 자지 못하고 깨서 투정한 다. 악순환이다. 자기 전에 속을 비우는 게 좋은 건 아기도 마찬가지. 잘 자고 일어 난 아기는 기분 좋게 논다. 한참을 놀다가 배고프면 젖을 먹고, 다시 기분 좋게 버둥 대며 논다. 그러다가 오줌 한 번 싸고 잠이 들면 푹 잘 수 있을 텐데……. 아기 때 이 작은 차이가 아이의 평생 식습관을 좌우할 수 있는 걸 모르고 그저 어떻게든 애가 자게 하려고 젖을 물려서 재우곤 했다. 그걸 이제야 바로잡고 있다.

식구들이 모두 아침 일찍 나가 저녁에야 모이는 도시에서는 뜬금없는 이야기일 수 있으리라. 식구들이 모여 따스하게 정을 나누며 밥을 먹을 수 있는 때가 저녁밖에 없다면 저녁은 소중하다. 하지만 우리 몸에 자연스러운 리듬은 잠자기 전에 속을 비 우는 거니 기회가 된다면 이런 습관을 들이면 어떨까.

저녁에 속을 비우는 습관이 생기면서 불편한 게 있다. 술자리를 가지기 어렵다. 술을 마시면, 따라서 안주를 먹게 되니 술 마시는 날이면 술이 다 깨도록 잠이 안 온다. 그러다 보면 잘 때를 놓치니 잠이 더 안 오고. 술 마시는 날은 결국 잠을 못 이루는 날이 된다. 그러니 저녁 술자리를 꺼릴 수밖에. 몸에는 좋겠지만, 삶이 좀 심심한 건 사실이다. 어쩌겠는가. 모든 걸 가질 수는 없는 게 인생인걸.

자급자족 농사의
재미

∞ 저 푸른 초원 위에 그림 같은 집을 짓고

솔직히 그동안 우리가 시골서 농사짓고 산다고 하기 좀 낯 뜨거울 때가 있었다. 농사라고 해야 논 천 평에 밭 천 평. 그나마 다랑논, 다랑밭이라 부지런히 움직거리면 우리 식구 먹을거리 나오는 정도다. 보통 농사라고 하면 가락시장 같은 큰 도매시장에 생산물을 낼 정도를 말하고, 그건 아니더라도 고추 생산자, 수박 생산자처럼 뭔가 하나라도 농산물로 제법 소득을 낼 정도는 되어야 하지 않겠나. 그런데 고작 자기 식구 먹을 정도 지으면서 농사짓는다고 해도 될까.

그래서 어디 가면 대충 어물쩍 넘어가기도 했고, 농사를 제대로 짓는 분을 만나면 입도 뻥끗 못할 때도 있었다. 하지만 이 지구별에 묻힌 석유가 서서히 떨어지고, 세계경제가 밑바닥부터 흔들리고 있다. 머지않은 미래에는 외국에서 농산물을 가져

봄이 오면 제일 먼저
농사 계획부터 짠다.

와서 먹는 것도 어려울 터이고, 불을 때거나 기계를 써서 하는 농사 역시 점점 힘들 수밖에 없으리라.

세상이 이렇게 바뀌어서인가 점점 더 많은 사람이 시골서 소박하게 사는 삶을 꿈꾼다. 우리나라만이 아니라 일본에서도 고향회귀운동이 벌어지고 있다고 하고, 영국에는 '자급자족 학교'가 있단다. '자급자족'이라⋯⋯. 온 세상 사람들이 세계화를 향해 달리는 줄 알았는데, 나라마다 사람마다 자급하려는 움직임이 일어나고 있다는 소리다. 자급이 도대체 어떤 것이기에 그럴까?

'저 푸른 초원 위에 그림 같은 집을 짓고 사랑하는 우리 님과⋯⋯.' 노랫말대로 어떤 사람이 시골에 작은 집 하나 짓고, 형편에 맞게 식구들 먹을거리를 골고루 농사짓는다면 그걸 자급자족 농사라고 할 수 있겠다. 물론 자급자족이라고 해서 모두 다 자급한다는 뜻은 아니다. 다만 곳간에 쌀가마 쟁여 놓고, 김장 김치 몇 항아리 묻어 두고, 처마 밑에 땔감 차곡차곡 쌓여 있다면 밥 맛있게 먹고 잠 잘 잘 수 있다. 삶에 필요한 의식주를 자기 손으로 마련하려는 움직임, 이게 자급의 정신일 거다.

∞ 한 가정이 먹을 농사라면?

한 가정이 먹을 정도라면 얼마나 농사지어야 할까? 부부에 아이 둘이라면, 어른은 1년에 쌀 한 가마니 가지고 모자라고 아이들은 남으니, 1년에 네 가마니는 있어야 먹고 살리라. 여기에 찹쌀이 한 가마쯤 있으면 떡 해먹고 조청 끓이고. 이 정도 나오려면 논은 두세 마지기(한 마지기는 보통 200평)면 되리라. 밭은 그보다 조금 더 넓어야 먹을거리가 골고루 나온다.

밭에 심는 것들을 한 번 살펴보자. 먼저 식량인 기장, 수수, 옥수수. 그리고 밀과 보리. 기장, 수수는 동네 방앗간이나 가정용 정미기로 방아를 찧을 수 있는데, 밀과 보리는 그렇지 않다. 우리 동네는 추운 지역이라 논에서 이모작이 안 되니 밀, 보리농

씨앗을 주제로 그린 어느 해 5월 달력.

사를 기계 힘을 빌려 할 수 없다. 호미로 심고 낫으로 베어 도리깨로 털어 거둔다 해도 그걸 먹기가 어렵다. 우리나라의 밀 자급률이 떨어진 게 한 개인의 자급에도 영향을 미친다.

감자, 고구마, 콩, 팥도 골고루 지어야 한다. 콩 종류만 해도 메주콩, 콩나물콩, 서리태, 울타리콩, 동부. 골고루 기르려니 이것도 만만한 일이 아니다. 또 양념도 해야 하니 고추, 참깨, 들깨농사도 지어야 하고, 온갖 채소농사에 마늘하고 양파, 생강도 빠질 수 없다. 1년 내 김칫거리와 반찬거리를 스스로 지어 먹으려면 농사일을 크게 잘하는 것보다 이른 봄부터 늦가을까지 꾸준히 씨를 뿌리고 가꾸는 게 중요하다.

서울 친정 식구들은 나를 보면 봄에는 다 심었느냐고 묻고 가을에는 다 거두었느냐고 묻는다. 한데 자급농사를 지어 보니 이른 봄, 아직 눈밭에 고추씨 넣는 것부터 시작해 늦가을 된서리가 올 무렵 양파 모종 심는 것까지 심는 것도 거두는 것도 쉴이 없다.

자급자족 농사에서 곡식과 채소만이 아니라 과일도 빠질 수 없다. 과일나무는 곡식과 달리 여러 해를 내다보고 꾸준히 해야 하는 농사다. 감이나 호두나무는 손자를 위해서 심는다는 말이 다 있으니까.

∞ 하나하나 스스로 해내는 기쁨

자급자족 농사에서 중요한 건 농사 실력이나 무거운 걸 척척 드는 힘이 아니라 농사 일에 얼마나 집중할 수 있느냐 하는 게 아닐까 싶다. 그러려면 재미있어야 한다. 힘겨울 때보다 재미있을 때가 좀 더 많아야 하는데, 무슨 재미가 있나? 자기 손으로 길렀으니 믿고 먹을 수 있는 재미. 잘 먹고 사니 해가 바뀌도록 감기 한 번 안 걸릴 만큼 건강한 재미. 날마다 적당히 움직거릴 일거리가 있는 재미…….

돈 주고 잘 사들이는 소비보다는 어설퍼도 손수 하는 게 삶의 지혜가 아니겠나. 누구나 자급은 100% 안 되지만 자족은 할 수 있다. 자기 삶에 필요한 것인데, 그동안은 남의 힘을 빌려야 하는 줄 알았다가 하나하나 스스로 해내는 기쁨. 그 기쁨을 맛보면서 사람이나 나라나 자급하면 든든하고, 자급하지 못하면 언제 어떻게 흔들릴지 모르겠구나 하는 걸 느낀다.

자급자족의 시작이자 끝은 부엌이다. 부엌부터 바꾸면 손수 해먹는 게 즐겁지 아니하랴!

손수 만든 양념으로
꽃피는
밥상

∞

밥상 이야기를 쓰고 있지만, 정작 나 자신은 내가 요리한다고 생각하지 않는다. 그저 어머니들이 그랬듯이 식구들 밥을 차려 주는 정도다. 오늘 아침은 시금치와 대파 뜯어다 된장국 끓이고, 봄에 자라기 시작한 부추를 처음 베어 새콤달콤하게 겉절이 무치고, 암탉이 낳아 준 달걀 몇 개로 달걀찜…… 어느 집이나 있음 직한 아침밥상이다. 날마다 끼마다 차리는 밥상은 그저 쌀 씻듯 평범한 게 좋지 않겠나.

쌀을 씻으며 이렇게 씻자 저렇게 씻자 궁리하지 않는다. 쌀을 바가지에 담고, 물을 받아 손을 넣어 훌훌 저으며 그저 손이 알아서 하는 대로 놔두면 쌀이 씻기는 거지. 이렇게 음식도 몸이 알아서 하는 대로 따라가는 날이 많다. 물론 새로운 조리법을 봐가며 공들여 할 때도 있고 미리 계획해서 상을 차릴 때도 있지만, 끼마다 그러려면 얼마나 힘든가.

이처럼 주부라면 누구나 몸에 익은 요리가 있으리라. 미역국을 잘 끓이는 이도 있고, 나물을 잘 무치는 이도 있고, 고기를 잘 재는 이도 있다. 각자 나름대로 비장의 조리법이 있겠지만, 기본은 하나. 미역국에는 국간장이, 나물에는 참기름과 깨소금이, 불고기에는 양념이 관건이다. 그러니까 요리가 맛있으려면 그 요리에 들어간 양념이 맛있어야 한다는 소리다. 단순한 음식일수록 양념이 맛있으면 간만 맞춰도 저 알아서 된다.

우리 사회는 현대물질문명이 들어오고 급격한 변화를 겪었는데 그 가운데 하나가 양념의 공장화이다. 공장에서 만들고 시장에서 사다 먹는 양념. 이런 양념으로 요리하면 네 맛도 내 맛도 잘 안 나고 그러다 보니 온갖 별난 양념으로 지지고 볶는다. 점점 양념 맛은 강해지고 거기에 따라 공은 더 드는데 그게 과연 우리 몸에 좋은 일일까?

30~40년 전만 해도 우리나라 어느 집이나 손수 장을 담가 먹었다. 『오래 된 미래』처럼, 귀농하면서 내 손으로 양념을 손수 만들어 보기 시작했다. 농사지은 콩으로 메주를 띄워 간장, 된장, 고추장을 만들고, 가을에 감나무에서 감을 따다가 깨진 감이 나오면 그걸로 식초 만들고, 산과 들에서 자라는 야생초가 끌리면 그걸 뜯어다 효소차 담그고…….

양념을 손수 만들다 모르는 게 있으면 어디 물어볼 데가 마땅치 않았다. 마을 할머니들은 일은 척척 잘하시지만, 그걸 말로 설명하시질 못하고, 내 둘레 친구들은 할 줄도 모를 뿐 아니라 관심도 없고. 지금이야 인터넷 검색을 하면 줄줄이 뜨지만, 그때만 해도 인터넷이 없어, 주먹구구로 하면서 이런저런 시행착오를 많이 겪었다. 된장에 구더기가 슬기도 하고, 효소가 다 상해 항아리를 엎기도 하고, 고추장 항아리가 여름 햇살에 부글부글 끓어오르기도 하고……. 그래도 내가 만든 게 가장 맛있어 해를 거르지 않고 담가 보았다.

지금은 우리 집 양념이 우리 식구 몸에 가장 잘 맞는다. 또 입에 맞는 양념이 넉넉하니 누가 요리를 해도 맛있다. 양념이 맛있으니 단순하게 요리를 해도 싹싹 긁어 먹는다. 집밥이 맛있으니 식구들이 집으로 모이고, 서로 돌아가며 요리를 하니 어느 한 사람만 힘들지 않고도 끼니마다 푸짐하게 먹을 수 있다.

날마다 먹는 집밥을 맛있게 하려면 양념을 손수 만들어 먹어 보라. 양념이 바뀌면 밥상이 꽃핀다.

봄은
장 담그는 계절

어느덧 봄이다. 유난히 추웠던 겨울 뒤끝이라 그런지 입춘이라고는 하나 산그늘에
아직 눈이 남아 있다. 봄기운이 일어서는 입춘을 보내고, 봄을 기다리며 봄맞이로
하는 첫 일이자 중요한 일이 장 담그는 일이다.

장 담그는 일은 어찌 보면 참 단순한 일이다. 항아리에 메주를 넣고 소금물을 부으
면 되니까. 어렵게 생각할 거 없이 할 수 있다. 인터넷에 들어가면 장 담그기에 관한
자료가 많고, 그것만으로 엄두가 안 나면 여기저기서 열리는 장 담그기 행사에 참가
해 배울 수도 있고, 장을 손수 담그는 이를 찾아가 어깨너머로 보고 배울 수도 있다.
중요한 거는 장을 내 손으로 꼭 담가야겠다는 절실함이리라.

나를 돌아보면, 양념을 사 먹던 때 장을 소중히 여겼던가? 맛난 장이 있으면 얻어다
먹고 싶은 딱 그 수준이었다. 장을 얻어 오더라도 된장찌개 한두 번, 미역국 한두 번

장독대는 우리 집 맛 지킴이다.

끓여 먹고 나면 잊어버렸다. 그러다 보면 된장은 마르고, 간장은 맛이 간다.

실제로 메주를 소금물에 띄워 발효시킨 뒤 건더기는 된장으로, 국물은 간장으로 가른 장은 그 자체로 그다지 맛나지 않다. 조선간장은 보관을 위해 염도를 높이지 않을 수 없으니 짜다. 된장은 간장한테 맛난 맛을 다 빼주었으니 감칠맛이 적을 뿐 아니라 햇된장은 쓰겁기까지 하다.

그러나 이 된장, 간장이야말로 주인 손길이 조금만 닿으면 맛난 양념으로 변신할 수 있는 원석이더라. 시장에서 사다 먹는 된장, 간장이 무엇으로 어떻게 만들어졌는지를 안다면 이 원석이 얼마나 소중한지를 알 수 있다.

아는 만큼
건강해진다1 _간장_

집에서 담근 간장을 조선간장이라고 부르고, 공장에서 만든 간장은 왜간장이라 불린다. 조선간장은 짠 데 견주어 왜간장은 덜 짜고 감칠맛이 좋아 조선간장을 밀치고 널리 쓰이고 있다. 그런데 이 시판 왜간장의 생산과정을 아는가? 나 역시 간장공장을 다니지 않았으니 공장에서 어찌 만드는지 알 길이 없다. 다만 공장에서 만드는 간장이 우리 할머니가 담그던 방식을 대량화·기계화한 게 아니라는 것만은 안다. 제2차 세계대전 기간에 세계 과학기술은 핵무기를 만들 만큼 발달했다. 그 덕에 식품가공업 역시 눈부시게 발달해 전통 방식이 아닌 화학합성기술을 응용해 나가기 시작했다.

이제부터 공장 간장의 제조과정을 살펴보는데 아주 가벼운 잣대를 들이대는 정도다. 먼저 상품 겉포장에 쓰인 원재료 살펴보기, 그리고 식품가공업을 공부하는 사람이면 누구나 아는 가공원리를 찾아보기.

시판 왜간장은 크게 세 가지로 나눌 수 있다. 하나는 산분해간장. 제2차 세계대전 때 일본군 보급을 위해 만들었다는 간장으로, 세계에서 소이소스로 유명하다. 염산을 써 콩 단백질을 분해해서 가성소다(양잿물)로 중화시킨단다. 그 자체로 맛이 있을 리 없으니 이것저것 첨가물을 넣어야 한다. 이 간장을 먹으면 저절로 화학첨가물을 먹는 셈이다. 군 보급품답게 값이 싸 웬만한 식당 양념과 사서 먹는 밑반찬 양념, 그리고 사 먹는 여러 가지 시판 소스들은 이걸 쓴다고 보면 된다.

다음은 양조간장. 가정에서는 산분해간장을 안 쓰려고 좀 더 비싼 양조간장을 사서 쓴다. 광고에 따르면 콩 100%를 발효시킨 간장이다. 양조간장 병에 적힌 원재료를 보자.

탈지대두 20,6%(인도산), 소맥(밀, 미국산), 정제수, 천일염, 액상과당, 주정, 효모추출분말, 효
소처리스테이비아, 감초추출물.

콩 100%라 광고하는 이 양조간장에 들어가는 콩은 탈지대두다. 탈지대두가 뭘까?
콩에 핵산을 넣어 콩기름을 짜고 남은 찌꺼기다. 이 탈지대두에 종균을 넣어 발효
시킨다. 이렇게 콩 찌꺼기로 만든 간장이 맛이 있을까? 맛내기를 위해 이것저것 넣
었다고 보면 된다.

마지막으로 진간장. 진간장은 산분해간장과 양조간장을 섞은 간장으로 우리나라
간장 시장의 70%를 차지하고 있단다. 이것만 넣어도 화학조미료는 자동으로 들어
가는 셈.

∞ 원석에서 보석을 꺼내듯, 조선간장으로 감칠맛 나는 간장을!

이런 시장 간장을 먹지 않고 집에서 조선간장으로 맛있는 간장을 만들 수 있을까? 원석에서 보석을 꺼내듯 말이다. 일단 맛있든 없든 집에서 손수 담근 조선간장을 구하자. 이것만 있으면 맛난 저염간장을 내 손으로 만들 수 있다. 손쉽게.

조선간장의 염도는 24%, 양조간장의 염도는 16%다. 조선간장의 염도를 낮추며 자연감미재료를 넣어 감칠맛을 더해주는 원리다. 그 대신 간이 약해 냉장고에 넣어 놓고 먹어야 하고 여름철에는 한 달을 넘기면 골마지가 낄 수 있다.

이 간장은 모든 요리에 다 쓸 수 있다. 국에는 물론이거니와, 나물 무칠 때, 국수 국물로, 샐러드 소스로, 조림과 볶음요리에도……

우리 음식은 밑간이 중요한데, 이 저염간장으로 밑간을 하면 간이 세지 않아 짜지 않게 간만 배는 게 아니라 음식의 감칠맛을 살려 준다. 이 간장은 첫맛부터 뒤끝까지 다 좋다.

일러두기

계량
컵은 종이컵을 기준으로 약 200㎖.
큰 술은 보통 밥숟갈, 작은 술은스푼.

온도측정
알코올 온도계(1,500원 정도)로 재는데 문방구에서 판다. 몇 번만 재보면 눈으로 봐도 감이 온다.

염도측정
생달걀로 잴 수도 있지만 염도계로 재면 더 정확하다. 간장이나 소금물은 보메도염도계(0~40)로 재는데 3천 원에 샀다.

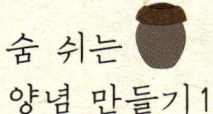

숨 쉬는
양념 만들기1

◆ **조선간장의 재탄생— 감칠맛 나는 저염간장**

준비물: 조선간장 1ℓ, 다시마 1/4장, 말린 표고버섯 5~6개, 검은 서리태 1컵 정도.

*표고버섯은 방사능 검사를 마친 걸로 구입하자. 그래도 표고버섯이 꺼림칙하면 느타리버

섯을 말려두었다가 쓰면 된다.

1) 서리태, 말린 표고버섯, 다시마를 깨끗이 씻어 찬물 1.8~2ℓ를 넣고 하룻밤 푹 불린다.

2) 1)을 냄비 그대로 80℃ 약불에서 20~30분 푹 우려 맛물을 낸다.

3) 건더기를 모두 꺼내고 맛물에 조선간장 1ℓ를 넣고 간장 달이듯 80℃의 약불에

20~30분 달인다. 이때 맛물과 조선간장의 비율이 염도를 결정하니 간장 양을 조절

해서 넣으면 된다. 믿을 수 있고 몸에도 좋은 간장의 탄생이다.

*Tip 맛내기용 재료

양파껍질, 마늘, 대파뿌리와 같은 맛내기 채소나 멸치, 새우와 같은 맛내기 건어물, 감초나 엄나

무, 말린 대추 같은 약재를 더 넣어 달일 수도 있다. 어간장을 원한다면 멸치젓국을 조선간장과 함

께 넣어 달이면 된다. 맛내기 재료를 더 넣을 때마다 쓰임새가 제한되고, 상할 염려가 늘어난다.

*Tip 맛내고 난 건더기 활용

많은 분들이 3)에서 건진 건더기를 아까워한다. 표고버
섯과 다시마는 다른 음식에 넣으면 된다. 서리태가 가장
마땅치 않았다. 한 분이 '서리태로는 콩전을 하면 어떨까
요?' 제안하던데 서리태 재활용 방법을 찾으면 좋겠다.

저염간장 만들기.

살아 있는
밥상1 🍚

◆ 저염간장으로 만드는 깻잎장아찌

또한, 이 저염간장으로 장아찌를 담그면 좋다.

들깻잎장아찌는 크게 두 가지로 나눌 수 있다. 여름에 싱싱한 들깻잎으로 그때그때

만들어서 먹는 장아찌. 가을들깻잎으로 만들어 겨우내 두고 먹는 장아찌.

준비물:들깻잎, 저염간장.

1. 싱싱한 들깻잎으로 만드는 즉석 장아찌

1) 저염간장에 깨소금, 들기름, 고춧가루를 섞어 양념장을 만든 뒤,

2) 깻잎 두 장 놓을 때 한 번씩 발라주면 된다. 쉬우면서도 간장이 짜지 않고 감칠맛이

   좋아 훌륭한 밑반찬이 된다.

2. 가을들깻잎으로 만드는 장아찌

1) 가을에 누렇게 변한 들깻잎으로, 두고 먹을 장아찌를 만든다. 들깻잎을 찜솥에 넣고

   한소끔 쪄낸다.

2) 쪄낸 들깻잎이 식으면 꼭 짜고, 거기에 저염간장을 자작자작하게 부어 장아찌를 만든

   다. 이렇게 저염간장만 부어 만든 장아찌는 양념이 깨끗해 들깻잎의 향을 살릴 수 있

   다. 이때 입맛에 따라 깨소금이나 마늘, 고춧가루를 넣을 수도 있다. 오래 보관하면 점

   점 짜지니 되도록 빨리 먹어야 맛도 향도 산다. 그러니 한꺼번에 다 만들기보다는 궁

   금할 때 한 번씩 만들어 먹기를 권한다.

저염간장으로 만든 깻잎장아찌.

*Tip 들깻잎 저장법

들깻잎을 소금물에 담가 병에 꼭 밀봉해 놓으면 1~2년이 지나도 상하지 않는다. 한 번 장아찌를 할 만큼 작은 병 여러 개에 나누어 담아 놓자.

먹을 때 병에서 꺼내 꼭 짜내고 맑은 물이 나오도록 우린다. 처음에는 커피색의 물이 나오다가 물을 몇 차례 갈면 맑은 물이 나온다. 그 깻잎을 무치거나 볶아서 장아찌를 만들어 먹을 수 있다.

∞ 장 담그기— 소금물에 메주 띄우는, 단순하면서도 오묘한 일

더 나아가 장까지 손수 담그겠다는 열의가 있으신 분을 위해, 또 아직은 엄두가 안 나지만 장 담그는 원리라도 알고 싶은 분을 위해 장 담그기를 살펴보자.

장은 발효식품이다. 발효란 화학공식처럼 딱 정해진 게 아니라 자연의 보이지 않는 기운이 서로 어우러지는 게 발효다. 아이를 낳고 기를 때 자녀교육에 관해 다 공부하고 시작하는 게 아니듯, 누구나 장을 담글 수 있고, 중간에 잘못된 건 다 고치는 수가 있다. 우리가 누군가? 콩의 원산지에서 대대로 장을 담그며 살아온 자손 아닌가. 비록 지금 까먹었더라도 우리 유전자 안에는 장을 담그는 손길이 들어 있다. 내 손을 믿자. 장 담그기는 집집이 또 사람마다 다 자기 방법대로 하느라 조금 다르지만 원리는 같다. 장은 콩 발효식품이다. 콩 가운데 노란 대두를 생산하는 동아시아에는 콩 발효식품이 많다. 야생의 콩을 지금 우리가 먹는 대두로 개량한 건 고구려, 지금의 만주에 살던 동이족이라 밝혀졌다. 원조답게 우리나라 장은 순수한 콩만을 발효시킨다. 그게 쌀이 풍부한 일본으로 가서 콩에 쌀누룩을 넣은 일본된장(miso)으로, 밀이 풍

볏짚으로 메주를 엮어 매달면
한 해 농사가 끝난다.

부한 중국으로 가서 두장(dusi)으로 바뀌었다.

또한, 우리 장은 걸쭉한 된장만이 아니라 맑은 간장까지 한꺼번에 생산한다. 우리나라 가정에서는 간장을 손수 만들어 먹을 수 있지만, 세계에 소이소스를 널리 퍼지게 한 일본 가정에서 정작 간장을 담가 먹는 일은 드문 걸로 알고 있다. 일본식 전통 장은 삶은 콩에 쌀누룩과 소금을 섞어 나무통에 넣어서 발효시킨다. 그러다 보니 된장은 나오지만 간장은 나오기 어렵다. 우리는 한 번에 된장과 간장을 생산하니, 이 장만 있으면 그 집 음식솜씨는 보증할 수 있다.

숨 쉬는
양념 만들기 2

◆ 장 담그기

준비물: 메주 다섯 장(콩 한 말, 약 8kg), 항아리(20ℓ들이), 소금물 18ℓ, 물 20ℓ, 소금 4~5kg, 통북어 한 마리, 숯 한 개, 건통고추와 마른대추 4~5개씩.

*북어의 원료인 명태는 일본 북쪽 해상에서 잡힌 것들이 많아 방사능 위험 식품으로 꼽힌다. 대신 엄나무 가지를 넣고 담가보니 향과 맛이 좋았다.

1) 먼저 메주 구석구석을 마른 솔로 털고서, 흐르는 물에 재빨리 씻은 뒤 말린다. 메주는 믿을 만한 곳에서 국산 콩으로 띄운 메주로 준비한다. 웬만한 도시가정이라면 메주 두 장 정도면 1년 먹을 양이 나온다. 하지만 양이 어느 정도 되어야 맛이 나므로 메주 다섯 장을 기준으로 한다.

2) 메주 양에 맞춰 항아리를 구한다. 항아리는 깨끗이 씻은 뒤 맹물을 가득 넣고 하루 이틀 놔두어 혹시 물이 새지 않는지 살핀다. 물을 다 비우고 끓는 물을 골고루 뿌려 소독하고 말려 둔다.

3) 국산 천일염을 맑은 생수에 풀어 하루 이틀 푹 재우면 지저분한 게 아래로 가라앉는다. 소금물에 날달걀을 띄워 동전만큼 뜨면 된다. 소금물은 좀 넉넉히 풀어 장항아리 곁에 작은 항아리에 담아 놓으면 좋다. 남은 소금물은 중간에 장이 줄어들면 보충하기도 하고, 묵은 된장에 부어 주어도 좋기 때문이다. 소금물의 염도는, 작은 되로 음력 정월에는 3되(염도 17도), 2월에는 4되(염도 18도), 3월에는 5되(염도 19도)로 늘어난다. 일찍 담글수록 덜 짠 장을 담글 수 있다.

*동일한 그릇으로 잴 때는 소금과 물의 비율이 2:7이면 염도 17도를 맞출 수 있다.

여기까지 준비가 다 끝나면 날을 잡아 장을 담근다. 되도록 맑은 날 담근다.

4) 항아리에 메주를 넣는다. 메주가 소금물 위로 뜨면 곰팡이가 생기기 쉬우니 메주를 눌러 주는 게 좋은데 대나무나 솔가지를 항아리에 넣어 메주를 눌러 준다. 이 북어로 할 수도 있는데 북어의 맛이 장에 은근히 배어 장이 맛있어진다. 또, 북어가 물을 먹어 메주를 더 이상 눌러 주지 못할 때쯤이 장 가르기 좋은 때와 맞아떨어진다.

5) 4)의 항아리에 소금물을 항아리 아구리(아가리)까지 부어 준다.

6) 나머지 숯, 건통고추, 대추를 위에 띄워 놓는다.

이 장항아리를 유리 뚜껑을 꼭 맞게 씌워 아침 햇살과 바람이 잘 통하는 곳에 놓는다. 가정에서 적게 담근 장은 뙤약볕을 오래 쐬면 많이 줄어든다. 아침 햇살은 받고 오후 햇살은 피할 수 있는 자리가 좋다.

장 가르기는 다음 된장 편에서 다룬다. 좀 더 자세한 설명을 원하면 『자연달력 제철 밥상』개정판(도서출판 들녘, 2010) 참조.

장 담글 재료

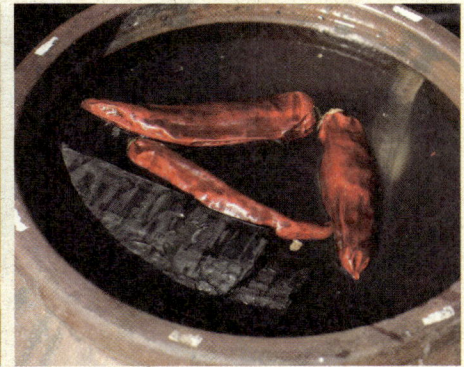

메주가 소금물 안에 잠기도록 북어로 누른다.

아는 만큼 건강해진다 2 소금

◆ 우리나라 소금 자급률은 얼마일까?

2011년 소금 자급률 11.9%.

'소금' 하면 서해안의 천일염을 떠올리는 내게 이건 충격이었다. 그럼 시장에서 사는 양념에 든 소금은 어떤 걸까?

소금도 좋은 걸 따지면 끝도 없다. 죽염, 볶은 소금, 서해안 천일염이라도 날씨에 따라, 염전이 있는 바다의 오염도에 따라 다르다. 천일염 가운데 재래방식으로 소금을 채취하는 토판염이 가장 질이 좋은데, 개량식 염전은 제초제를 뿌리지 않는 염전과 제초제를 뿌리는 염전으로 나뉜다. 하지만 우리나라 염전은 세계에서도 귀한 염전이란다. 우리나라 천일염에서는 짠맛만이 아닌 감칠맛이 난다.

반대로 되도록 멀리하는 게 좋은 소금은 정제소금이다. 꽃소금이나 구운 소금, 그리고 MSG가 들어간 맛소금이 정제소금의 대표다.

전에는 천일염에 불순물(갯벌의 흙)이 섞이기도 했지만 지금은 기술이 발달해 그런 일은 없다. 다만 천일염을 쓸 때는 간수를 빼고 쓰는 게 중요하다. 고운 소금이 필요하면 간수를 뺀 천일염을 곱게 갈아서 쓴다.

나는 천일염을 구해 1~2년 동안 간수를 빼고 3년째에 쓴다. 이 천일염을 조리에 쓰고 밥상에는 천일염을 곱게 빻아서 놓는다.

소금단지.

콩으로 만든
순수한 된장

∞ 진달래꽃이 피면 장 가르기

음력 정월인 2월에 장을 담그고 40일이 지나면 진달래꽃이 피는 4월이 된다. 진달래가 피기 시작하면 뒤이어 자두나무 흰 꽃이 환하게 피고 뒤이어 산복숭아꽃이 꽃분홍으로 피어난다. 새벽에도 날이 영상으로 들어서며 낮에는 볕이 뜨거워 20℃를 오르내린다. 농부는 못자리를 준비하고, 살림꾼은 장을 가를 때다. 살림과 농사는 이렇게 서로 맞물려 간다.

장을 가른다는 건, 소금물에 띄웠던 메주를 건져 메줏덩어리는 된장으로, 국물은 간장으로 나누어 다시 발효시키는 거다. 건더기인 된장을 맛있게 하려면 장을 담근 지 20일 만에 가르기도 하고, 소금물을 적게 부어 아예 국물을 빼내지 않기도 한다. 반대로 간장을 맛있게 하려면 메주를 더 오래 담가 두기도 한다. 하지만 간장과 된장을 모두 먹으려면 40일 즈음에 가른다. 만일 장 위에 하얀 곰팡이가 꼈다면 되도록 빨리 장을 가른다.

정월에 장을 담그고
진달래꽃이 필 무렵에 장을 가른다.

◆ 장 가르기

준비물: 된장과 간장을 담을 각 항아리, 고운 베보자기, 장 달일 냄비.

1) 장을 가르기에 앞서, 햇된장과 햇간장을 담을 항아리부터 마련한다. 되도록 장항아리는 장 전용인 게 좋다. 전에 장을 담았던 항아리라면, 게다가 그 장이 맛있었다면 깨끗이 씻기만 하면 된다. 그 항아리 안에 발효균이 잘 남아 있을 터이므로. 만일 된장이 맛이 상했던 항아리라든가, 다른 걸 담았던 항아리라면 끓는 물에 팔팔 삶아서 쓴다. 항아리가 아닌 유리병이나 플라스틱 통은? 흙으로 구운 항아리는 숨을 쉬기에 발효를 돕는다. 하지만 유리병은 숨을 쉬지 않고, 플라스틱은 소금 간을 한 발효식품을 담기에 적당하지 않다. 간장은 아구리가 작은 항아리에 담아 반그늘에 보관하는 게 좋다. 만일, 담은 양이 적으면 장이 항아리에서 다 졸아들 수 있으니 더운 여름이 오기에 앞서 유리병에 옮겨 담아도 좋다.

2) 이렇게 준비가 끝나고 날이 맑으면 장을 가른다. 건더기를 모두 건져 물기 없는 그릇에 따로 담는다. 장물은 고운 베보자기에 밭쳐 맑게 모은 뒤 두어 시간 가라앉힌다. 그

온도를 80℃까지 올리면 이렇게 잡균이 죽어 떠오른다. 이걸 다 걷어 내면 장 달이기 끝.

러면 위에 맑은 장물이 고이고 아래에는 앙금이 가라앉는다. 맑은 장물은 간장 항아리에, 앙금은 된장에 섞는다.

3) 장을 가르기 전 골마지가 끼지 않고 맑았다면 그대로 생간장으로 보관해도 괜찮다. 골마지가 끼었다면 장을 달여야 한다. 골마지란 메주에 들어 있던 잡균으로 날이 더워지면 더욱 늘어나, 장맛을 버리게 하기 때문이다.

골마지가 낀 장물을 불에 얹어 잡균을 살균한다. 불에 얹으면 온도가 높아지면서 장물 위로 뭐가 뜬다. 이게 바로 죽은 잡균들. 이걸 걷어 내면서 온도를 80℃까지만 높인다. 그러면 장에 있는 잡균은 죽어 떠오르고 좋은 균은 살아남는다. 이렇게 80℃에서 한두 시간 잘 달여 잡균이 더 이상 떠오르지 않으면, 살균 끝. 식혀서 간장 항아리에 붓는다. 이때부터 간장을 먹을 수 있다.

4) 따로 모아 놓은 메주 건더기를 손으로 치대어 된장 항아리에 꼭꼭 눌러 앉힌다. 그 위에 간장 밑에 가라앉았던 앙금을 살살 부어 얹어 준다. 된장 위로 3cm쯤 간장물이 차오르게. 며칠 뒤 보면 그 많던 물이 다 어디 갔나 싶을 만큼 된장이 물을 많이 빨아 당긴다.

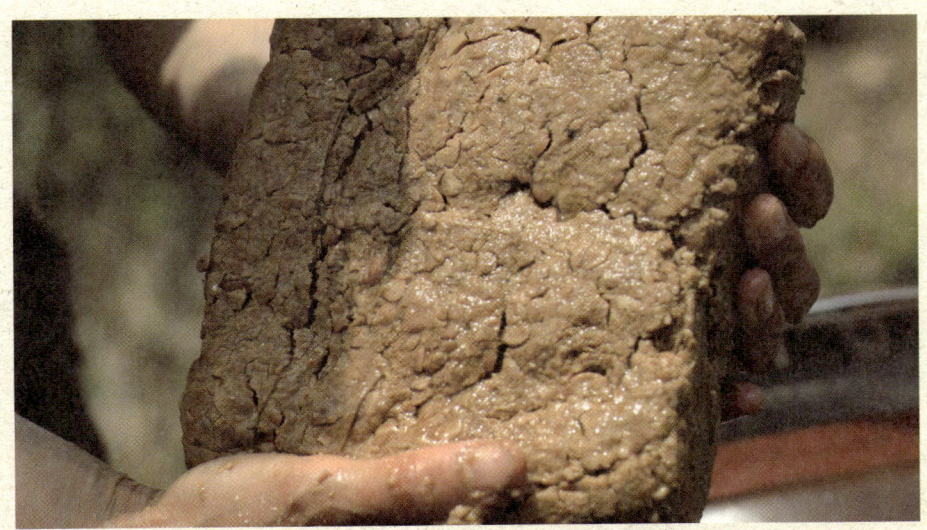

장을 가를 때 항아리에서 꺼낸 메주가 된장이 된다.

∞ 된장이야말로 슬로푸드- 처음부터 맛있는 된장은 없다

이렇게 담근 된장은 이제부터 발효를 시작하니 여름철이 지나 가을부터 먹을 수 있다. 하지만 소금물에 감칠맛을 우려낸 메주 건더기가 재료인 된장은 아무래도 맛이 떨어지기 쉽다. 그래서 시장에서 파는 된장은 뭔가를 섞어 넣는다. 보통은 수입 밀가루에 여러 가지 화학첨가물을.

일본된장인 미소에는 쌀전분을, 중국된장인 두시에는 밀전분을 적절하게 섞어 맛을 낸다. 그에 견주어, 우리 전통 된장은 콩 100%다. 콩 100%여도 잘 띄워진 된장은 구수하고 뒤끝이 칼칼하다. 장을 담갔는데 맛이 좋다면 그보다 더 좋은 일이 어디 있겠나. 하지만 생각처럼 맛나게 안되는 게 우리 현실. 애써서 장을 담갔는데 맛이 없어 안 먹는다면 얼마나 아까운가. 아무리 맛이 떨어지더라도 된장은 콩 100% 발효음식이다. 이걸 잘 살릴 길을 찾아보자.

된장 맛내기에 들어가면 집집이 비결이 있다. 콩을 삶아 넣는다는 집도 있고, 보리를 삶아 넣는다는 집도 있다. 그걸 흉내 내다 무더운 장마철에 된장이 상했다는 소리도 들린다. 하긴, 아무것도 안 넣어도 여름을 나며 된장 위에 뭐가 끼기도 하고 된장 맛이 시큼해지기도 하는걸.

그래서 나는 말 그대로 슬로푸드를 만들기로 했다. 된장 발효를 3년에 걸쳐서 천천히 하는 거다. 늦가을, 메주를 끓이면서 나온 콩 진물이나 새로 띄운 청국장을 된장에 넣고 뒤섞은 뒤 겨우내 발효시킨다. 또 여름을 잘 나기 위해 된장 위에 고추씨가루를 덮어 주거나, 매실효소차를 담그고 거른 매실을 얹는다. 고추씨가루는 된장 맛을 칼칼하게 해주고, 매실은 된장을 산뜻하게 한다.

이렇게 된장을 천천히 발효시키려면 가장 중요한 건 된장이 마르지 않게 하는 거다. 뭘 모를 때는 상하지 말라고 된장에 굵은 소금을 듬뿍 얹었는데 이러면 짜지기만 하고 물기가 마른 윗부분은 자꾸 상한다. 문제 해결의 열쇠는 된장 윗부분을 촉촉하게 유지하는 것. 할머니들은 된장 위에 김장비닐을 덮고 그 위에 천일염을 뿌려놓기도 한다. 여기서 힌트를 얻어 다시마를 소금물에 불렸다가 된장 맨 위에 덮어주었다. 그렇다 해도 가끔 된장 항아리를 들여다보고 된장 위가 마르면 간장을 부어주면 좋다. 간장 대신, 장 담글 때 소금물을 남겨 두었다가 봄가을에 넉넉히 부어 된장을 촉촉하게 해줘도 좋다.

이 글을 여기까지 읽은 독자라면, 어이구, 된장 만들어 먹겠나? 싶으시리라. 나도 처음부터 이리하라면 손도 못 대고 말았을지 모른다. 무식하면 용기가 있다고 덜컥 장을 담았는데 생각처럼 잘 안 되니 그걸 고치려고 이리저리 궁리하기 시작했다. 그러다 된장 맛을 고치는 법을 터득했고, 그걸 여러분에게 알려 드리기 전에 먼저 그 원

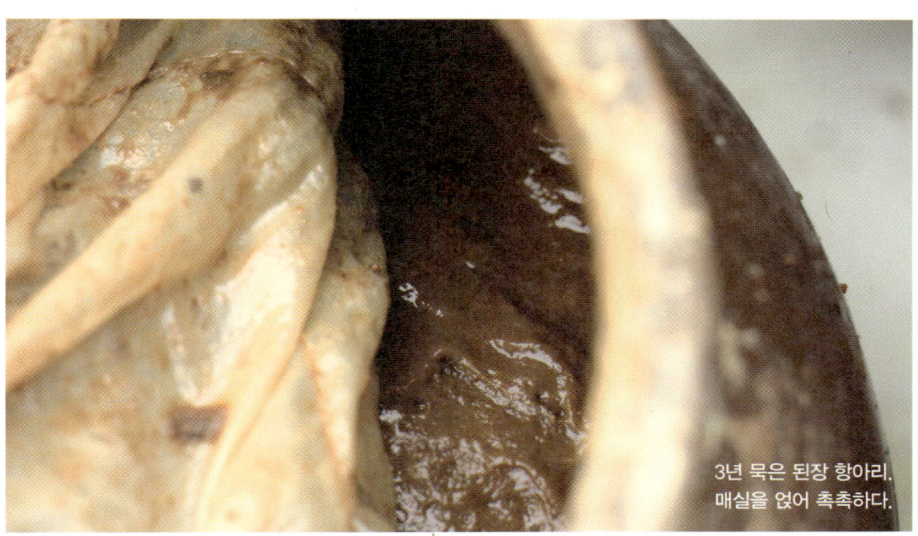

3년 묵은 된장 항아리.
매실을 얹어 촉촉하다.

리부터 설명한 거다.

아는 만큼
건강해진다 3 된장

고수가 만든 된장이나 어릴 적 추억 속의 된장이나, 내 손으로 만들기는 똑같이 쉽지 않다. 하지만 어느 된장이든 그게 우리 콩 100%의 전통 된장이라면 그 된장 맛을 고쳐 맛나게 먹을 수는 있다.

그럼 이쯤에서 공장에서 만들고 시장에서 파는 된장 이야기를 해보자. 나 역시 여러분과 마찬가지로 된장공장에서 일해 본 적이 없으니 그 속사정은 모른다. 하지만 먼저 재료부터 살펴보자. "자동제국설비를 이용하여 사계절 영향을 받지 않고 균일하게 유지합니다"라는 말과 함께 총대두함량이 30.76%라고 광고하는 어느 '콩된장'의 성분이다.

원재료명 대두 24.45%(수입산), 소맥분(밀:수입산) 정제염, 개량메주6.23%(대두 99.8%(중국산), 종국) 주정, 알파탈지대두분, 산도조절제, 우리미(다시마 엑기스, 굴엑기스), 종국

이 된장 가격이 3kg에 9,810원(당해 국산 콩 1kg에 1만 원). 집된장이 진짜 우리 콩 100%라면, 우리 콩이 전혀 들어가지 않은데다 콩 비율도 30% 정도밖에 안 되는 공장 된장은 집된장과는 전혀 다른, 맛만 된장 비슷한 식품이라 할 수 있다.

집된장은 제조과정 자체가 살아 있다. 숨 쉬는 된장 항아리를 햇빛 아래 놓고, 뚜껑으로도 공기가 드나들 수 있도록 한다. 이런 조건은 한여름이든 한겨울이든, 공장식으로는 상상할 수 없는 무모한 발효환경이란다. 집된장은 이런 무모한 환경에서 살아남기 위해 강한 항산화물질을 만들어 낸다. 된장이 발효하면서 점점 갈색으로 변하는데 이 갈색물질(멜라노이딘)이 항산화작용과 활성산소를 없애는 중요한 역할을 한다.

공장 된장은 50~90일 이내에 콩으로 된장을 만들기 때문에 발효과정이 다르다. 밀가루에 곰팡이를 키워 얻은 Koji소맥국(밀가룻국)을 사용하여 콩을 된장으로 만든다. 된장 가격을 맞추기 위해서도 밀가루를 사용해야 한다. 실내에 있는 탱크에 넣어 온도와 습도를 맞춰 1~2개월간 발효시킨다. 숙성 뒤 알코올이나 솔빈산칼륨 등 보존료를 첨가하고 살균 후 포장한다.

◆ 공장 된장 공세에도 아직 살아남은 집된장

공장 간장이 날개 돋친 듯 팔리는 것과 달리 공장 된장은 인기가 별로다. 인터넷에 '된장'을 치면 전통 된장 사이트들이 쭉 뜬다. 시골 할머니 장독에서도 사정은 마찬가지. 자식네가 된장은 가득 담아 가고, 간장은 별로 안 가져간다. 그 덕에 된장은 자기 이름을 완전히 뺏기지 않고 집된장, 또는 토장이라고 불리며 살아남아 있다.

한여름 장독에 소금꽃이 피었다.

∞ 궁합이 좋으면 맛도 산다

앞에서 말했듯이 우리 된장은 콩 100%라 감칠맛이 모자라기 쉽다. 또 현대인 입에 짜다. 바로 그래서 우리 된장이 좋은 거다. 콩 100%라 믿을 수 있으며, 짜기 때문에 더운 장마철을 견디고 상하지 않는다. 좀 짜더라도 된장이 맛있으면 그대로 먹는 게 가장 좋다. 한데 만일 된장이 묵어서 너무 짜거나, 도저히 맛없어 먹을 수 없다면 그 맛을 고칠 길을 찾아보자.

된장 맛을 고치려면, 뭐가 필요할까? 촉촉한 물기, 조금 덜 짠 맛, 여기에 감칠맛까지 있다면 금상첨화가 아닐까? 된장 맛을 고칠 때 알면 좋은 세 가지 팁을 소개한다.

첫째, 매실은 된장과 궁합이 잘 맞는다. 매실의 성분이 된장에 혹시 있을지도 모르는 잡균을 억제하고 된장에 산뜻한 맛을 준다. 매실장아찌를 다져서 넣어 주거나 매실 효소차를 넣고 고루 섞는다. 아이들이 있는 집이라면 이 방법을 추천한다.

둘째, 항아리에 담긴 된장 맛을 고칠 때는 가을에 하는 게 좋다. 항아리에 넣는 것은 메줏가루가 가장 좋고 청국장, 삶은 콩도 좋다. 청국장을 된장에 섞으면 청국장 냄새를 꺼리는 이도 부담 없이 먹을 수 있다. 이때 된장이 되직하면 끓인 물에 소금을 넣어 자작자작할 정도로 붓는다. 이렇게 고친 된장은 한두 달 재발효를 거친 뒤에 맛이 제대로 난다. 봄부터 여름까지는 먹을 만큼 덜어 맛을 고쳐서 냉장고에 넣어 두고 먹도록 한다.

셋째, 더 본격적으로 맛을 고치려면 전분(쌀, 보리, 밀)을 넣는다. 전분을 넣은 맛된장은 쌈장용으로 좋고 조금씩 만들어 냉장보관 하면서 먹는게 좋다. 전분을 넣어 맛을 고치면 생된장을 먹게 되니, 이 방법은 발효식품인 된장을 잘 먹는 길이다. 된장국이나 찌개에 넣을 때는 텁텁한 맛이 날 수 있으니 원된장과 섞어서 끓인다.

위의 세 가지 중 어떤 방법을 쓰든 된장 양의 1/10을 넘기면 안 좋다.

숨 쉬는
양념 만들기 3

◆ 맛된장

준비물 : 전통 된장 2컵, 쌀가루(찹쌀도 좋고, 보리, 우리 밀도 좋다) 1/3컵, 다시마 1조각, 말린 표고버섯 3~4개.

1) 냄비에 다시마와 말린 표고버섯을 넣고 물 3~4컵에 불린다(된장의 마르기에 따라 물 양을 조절한다).

2) 1)의 다시마와 표고버섯이 물기를 먹어 불면 다시마와 표고버섯을 건져 먹기 좋게 곱게 다진 뒤 다시 넣는다. 여기에 쌀가루를 넣어 되직하게 죽을 쑨다.

3) 죽이 식으면 된장을 넣고 잘 저어 준다.

4) 3)에, 여름이면 양파나 양파효소차, 매실장아찌나 매실효소차를 넣어 주고, 겨울에는 생청국장과 견과류(날땅콩을 거칠게 갈아서 넣으면 깔끔하고 구수하며 씹는 맛도 좋다)를 갈아서 더 넣는다. 이렇게 하면 짜지 않으면서도 입맛에 맞춰 달짝지근하고 구수한 쌈된장이 재탄생한다.

맛된장 만들 재료.

◆ 쌈장으로 변신하려면

여기에 고추장과 참기름과 깨소금을 섞으면 맛깔스런 쌈장이 된다. 된장과 고추장 비율은 보통 1:1.

*Tip 취향에 따라

젓갈 맛을 좋아하는 분은 액젓을 넣을 수도 있다.

쌈장.

*Tip 된장 신맛 없애기

반대로 된장에서 신맛이 날 때. 이건 된장의 염도가 낮아서 생기는 일로 우리 집 역시 이런 일이 자주 생긴다. 신맛은 상한 건 아니고 어느 정도 잡으면 맛나게 먹을 수 있다. 된장에 염도가 낮아서 생긴 맛이니 위의 방법을 쓸 때 염도를 좀 높게 맞추도록 한다.

*Tip 바싹 마른 된장은 어떻게?

햇볕 아래 항아리를 뚜껑 씌워 내놓으면 된장이 바싹 마른다. 어느 집은 너무 말라 아예 떠낼 수가 없다고 한다. 이때 간장을 넉넉히 넣고 치대면 좋지만, 간장이 아깝다. 대신 소금물을 부어 된장이 풀어지면 맛내기 재료를 섞는다.

"된장 맛을 아니, 참 새로워", 된장 맛있게 먹기

된장은 참 신기한 먹을거리다. 메주콩을 발효시킨 음식인데, 철따라 다른 맛을 낸다. 겨울을 난 냉이를 캐서 날콩가루 무쳐 된장국을 끓이면 구수하고 향긋한 봄음식이 된다. 봄에는 향긋한 음식을 많이 먹어야 겨우내 잦아들었던 활기를 되찾을 수 있으니 얼마나 좋은가. 여름에는 하지에 캔 감자를 넣고 되직하게 끓여 역시 하지에 거둔 보리로 밥을 해먹으면 진국이다. 더위에 지친 우리 몸을 식히고 적당히 염분도 보충해 준다. 가을에 배추 한 포기 뽑아다 대파를 넉넉히 넣고 끓이는 배추된장국은 시원하다. 한창 맛이 든 대파의 시원한 맛과 배추의 달큰한 맛이 술술 넘어가게 한다. 겨울이라면 무청 시래기를 푹 삶아 멸치 국물에 들깨 갈아 넣고 끓인 된장국. 한 솥 끓여 몇날 며칠 먹어도 구수한 겨울음식이다.

이렇게 된장은 1년 내내 다른 모습으로 우리 몸을 채운다. 그렇기에 맛있는 된장이 있으면 언제라도 된장찌개, 된장국을 대령할 수 있다. 손님이 오더라도 새로 밥 짓고 금방 된장국 한 그릇 끓여 대접하면 진수성찬을 갈음할 수 있다. 된장으로 할 수 있는 요리를 살펴보자.

살아 있는
밥상2

◆ 된장국 끓이기 기본 조리법

된장국도 김치처럼 저마다 맛내는 조리법이 있다. 그만큼 우리나라 밥상에서 없어서는 안 될 음식이다. 여기서는 어떤 된장국이나 찌개를 끓일 때라도 기본이 되는 조리법을 소개한다.

준비물 : 된장, 쌀뜨물 4대접, 다시마 4~5조각, 뚝배기.

된장국 끓이기 기본 재료.

준비물 보충설명

1. 쌀뜨물 : 된장국이나 찌개를 끓일 때 나는 꼭 쌀뜨물을 쓴다. 쌀을 두 번째로 씻어 나온 물을 받아, 3~5분쯤 가라앉힌 윗물이 '뜨물'이다. 쌀뜨물에는 쌀의 영양가가 녹아 있어 감칠맛이 난다. 또 비린내, 아린 맛을 잡아 주는 효과도 있다. 처음 씻어 나온 물은 설거지물로 쓴다.

2. 뚝배기 : 된장국이나 찌개는 흙으로 빚은 뚝배기에 끓여야 제맛이 난다. 항아리처럼 흙

으로 구운 뚝배기를 마련하자.

3. 다시마: 해조류에 많은 요오드는 콩과 궁합이 잘 맞는다. 또, 다시마는 국물을 감칠 맛 나게 하므로 콩이 들어간 음식이나 국물 음식에는 빠지지 않고 넣는다. 다시마를 미리 사방 1~2cm쯤 조각내어 놓고 쓰면 편리하다. 된장을 끓이려면 먼저 쌀뜨물에 다시마를 넣고 불린 뒤 시작한다.

다른 맛내기 재료는 충분조건이지만 다시마만은 필수! 다시마는 짠맛, 신맛, 쓴맛을 잡고 깊은 감칠맛을 내준다. 보통 요리책에는 다시마를 넣고 오래 끓이지 말고 중간에 건지라고 하는데, 그렇게 하면 국물 맛이 깔끔해질지는 모르지만 다시마를 버리고 만다. 나는 다시마를 잘게 썰어 함께 끓여 다시마도 먹는다.

4. 추가 맛내기 재료: 국물 맛을 더 내려면 말린 표고버섯, 국멸치, 솔치(건청어), 마른 자연산 새우, 황태, 무 한 쪽 등 맛을 내면서도 몸에 좋은 재료를 더 넣는다. 재료가 불면 먼저 국물부터 우린다. 다시마, 말린 표고버섯, 국멸치나 솔치를 우린 물은 생선이든 육고기든 국물 요리할 때 쓰면 개운한 맛이 난다. 여기에 칼칼한 맛을 원한다면 고춧가루 대신 건통고추를 넣는다.

*솔치: 말린 청어 새끼. 멸치보다 납작하고 똥이 거의 없어서 통째로 국물을 우려도 좋고 살짝 볶아서 먹어도 좋다. 비린내가 거의 안 난다.

더 많은 된장국 재료들.

솔치(왼쪽)와 멸치.

1) 뚝배기에 쌀뜨물과 다시마와 다른 맛내기 재료를 넣었다가

2) 다시마가 불면 뚜껑을 열고 약한 불에 끓인다.

3) 국물이 끓으면서 하얀 거품이 올라오면 그걸 어느 정도 걷어 낸다.

4) 국물을 먼저 충분히 마련한 다음, 된장국 재료를 넣고 재료가 익도록 끓이고

5) 마지막에 발효식품인 된장을 넣고 뚝배기 뚜껑을 닫고 불을 끈다. 된장을 마지막에 넣는 건, 발효식품인 된장의 발효균을 살리면서도 된장 맛을 포기하지 않는 길이다. 마지막에 된장을 넣어서 맛이 안 난다면, 반만 먼저 넣어서 맛을 내도 괜찮다.

날콩가루를 풀어 넣은 된장국.

된장소스샐러드.
된장도 산뜻해질 수 있다.

◇◇ 된장의 새로운 발견

된장이 있으면 나물도 색다르게 무칠 수 있다. 나물은 간장에 무치는 게 기본이지만, 날마다 나물을 무쳐 먹다 보니 가끔 된장에 무치면 같은 나물이라도 색다른 맛이 있어 좋다. 봄에는 냉이를, 여름에는 비름나물을, 가을에는 배추나물을 된장무침으로 추천하고 싶다.

이밖에도 된장이 맛있으면 수제비, 미역국에 간을 하거나 생선찌개를 끓일 수도 있다. 하지만 발효식품인 된장을 팔팔 끓이지 않고, 날된장으로 먹을 수는 없을까? 그러면 우리 몸에 더욱 좋을 텐데……. 그러다 제주도에서는 된장을 냉국으로 마신다는 걸 알았다. 여름에 일하고 돌아와 된장을 맹물에 풀어 시원하게 훌훌.

살아 있는
밥상3 🍚

◆ **토마토된장샐러드**

어느 날 우리 아이들이 식빵을 먹다가 "여기에 치즈를 곁들이면……" 하는 말을 듣고 언뜻 좋은 생각이 떠올랐다. 된장으로 빵에 얹어 먹을 걸 만들자. 된장은 짜니까 거기에 찬밥을 넣고 아이들이 좋아하게 버터를 조금 넣고, 매실효소차로 마무리를 할까? 이걸 곱게 갈아 되직하게 만들었더니 크림치즈와 같은 모습이다. 맛이 어떨까? 한 숟갈 떠서 입에 넣고 오물오물 씹어 보니, 슴슴하면서도 구수하고 가끔 씹히는 맛까지 있다. 이름을 뭐로 하지? 일단은 '맛된장소스'라 하자.

된장만 있으면 만드는 것도 간단하다. 맛없는 된장도 이렇게 고쳐서 먹으면 좋다. 된장은 어떤 채소나 과일과도 잘 어울리니 식구들이 좋아하는 채소(당근, 양파 등)나 과일을 넣고 함께 갈아 먹으면 되리라. 늘 곁에 있었지만, 미처 그 진가를 알아차리지 못한 된장, 푹푹 먹자.

여름철 채소인 토마토. 토마토는 우리나라에서 과일로 알려질 만큼 맛도 좋고 몸에도 좋다. 토마토가 제철일 때 과일로만 아니라 반찬으로도 즐겨 먹자. 이 토마토 위에 된장소스를 얹어서 먹으면 맛이 어떨까?

토마토가 제철일 때 많이 먹자.

준비물 : 된장 1큰 술, 찹쌀풀 3~4큰 술(없으면 찬밥 1큰 술), 양파 반 알, 참기름 1작은 술, 매실 효소차(또는 찹쌀조청) 2작은 술, 토마토.

1) 먼저 맛된장소스를 만든다. 된장, 찹쌀풀, 양파, 참기름, 매실효소차를 다 집어넣고 곱 게 간다(여기에 식구들이 좋아하는 재료를 넣어도 좋다).

  *81쪽 〈맛된장〉 참조.

2) 토마토를 먹기 좋게 썰고 그 위에 된장소스를 얹는다.

   실제로 먹어 보면 토마토와 된장의 궁합이 잘 맞아 깜짝 놀라시리라. 준비하기도 쉽 고, 영양도 충분하고 또 보기도 좋아 어디에 내놔도 부러움을 사지 않을까? 도시락 반 찬으로도 만점이다.

보기에 좋고 맛도 좋은 토마토된장샐러드.

살아 있는
밥상4

◆ 언제나 손쉽게 뚝딱! 된장주먹밥

나들이를 갈 때나, '그 나물에 그 밥'에 지쳐 뭔가 색다른 메뉴를 원할 때 손쉽게 할 수 있는 메뉴, 된장주먹밥을 소개한다.

김밥은 이것저것 재료가 따로 있어야 하지만 이 된장주먹밥은 집에 있는 간단한 재료인 쌀과 된장만 있으면 언제라도 쌀 수 있다. 한번도 안 먹어 본 분은 '된장으로 주먹밥을 싸면 그게 뭔 맛이 있을까?' 생각할 수 있으리라. 하지만 한번 드셔 보시라. 된장만 맛있으면 쌀밥과 된장이 얼마나 환상의 커플인지 알게 되시리라.

준비물:주먹밥용 밥(쌀 4컵, 다시마 4~5조각, 소금 약간, 참기름 1큰 술), 자연식초 1큰 술, 고명으로 넣을 된장 1큰 술, 매실장아찌, 견과류(호두, 잣, 땅콩 등).

주먹밥에 맛을 낼 재료.

주먹밥용 밥하기.

어떤 밥으로도 할 수 있지만, 주먹밥용으로 지으면 더욱 쉽고도 맛있는 주먹밥을 만들 수 있다. 김밥 쌀 때도 이 방법으로 밥을 지으면 좋다.

1) 쌀을 씻어 체에 밭쳐 물기를 쫙 뺀 다음 맑은 물로 밥물을 잡는다. 고두밥을 원하면 물을 조금 적게 잡고 보통 밥을 원하면 보통으로 물을 잡는다. 밥을 할 때 물기를 한 번 뺀 뒤 새로 물을 잡아 밥을 하면 밥맛이 깨끗하다.

2) 밥물을 잡은 뒤 여기에 다시마 4~5조각, 소금(밑간용으로 약간), 참기름 한 숟갈을 넣고 평소대로 밥을 짓는다. 이렇게 밥을 지으면 밥이 기름지고 구수하고 밑간이 되어, 주먹밥이나 김밥을 쌀 때 따로 간을 하지 않아도 된다.

3) 밥이 다 되면 고루 풀어 준다. 김이 한소끔 빠진 뒤에 깨소금을 넣고 다시 한 번 비빈다. 봄이라면 달래를 송송 썰어 넣어서 향긋한 주먹밥을 쌀 수도 있다.

4) 주먹밥에 넣을 고명을 준비한다. 날된장에 혹시라도 있을 수 있는 잡균을 중화하고 밥이 상하지 않도록 자연식초를 한 숟갈 넣고 고루 젓는다. 매실장아찌는 된장주먹밥과 아주 잘 어울리는 고명이니 되도록 준비한다. 여기에 견과류인 호두, 잣, 호박씨를 한둘 고명으로 넣으면 더욱 영양만점인 주먹밥을 만들 수 있다. 견과류는 있으면 좋고, 없어도 괜찮다.

고명으로 매실장아찌와 된장을 넣는다.

5) 1회용 비닐장갑을 끼고 밥을 꾹꾹 눌러 보통 크기로 주먹밥을 만들어서 여기에 된장
   1/2작은 술, 매실장아찌 하나, 그리고 견과류를 박으면 된장주먹밥 완성!
   주먹밥을 상추, 깻잎, 취 잎 등에 말면 맛도, 영양도 좋으며 하나씩 집어 먹기도 좋다.
   2부 시작 사진처럼 화려한 꽃주먹밥을 쌀 수도 있다.

여름에 만든 들깻잎된장주먹밥 도시락.

봄에는 화려한 꽃주먹밥으로 응용할 수 있다.

살아 있는
밥상5 🍚

◆ 콩잎된장장아찌

콩잎된장장아찌는 콩잎을 된장에 박은 것이다. "콩잎도 다 먹어?" 하는 분이 있겠지만, 콩잎이 뜻밖에도 맛있다. 인터넷에 콩잎장아찌를 쳐보라. 상품들과 조리법이 쭉 올라올 거다. 콩잎은 콩농사를 짓는 집에서는 쉽게 구할 수 있는 영양가 많은 먹을거리다. 재래시장에서 구하거나, 혹시 시골 갈 기회가 있으면 장에 나가 구하거나, 콩잎을 뜯어다 한번 담가 보시길.

준비물:콩잎, 멸치 다시마 국물, 된장.

1) 콩잎은 콩꽃이 피기 전 어린잎과 콩이 다 여문 뒤 누렇게 진 콩잎을 먹는다. 콩은 5월 말에서 6월 초에 심고, 꽃은 8월 초에 피니 7월이 어린 콩잎의 제철. 콩꽃이 피기 전 부드러운 콩잎을 준비해 한 장 한 장 착착 쌓아 한 움큼씩 모아 그릇에 담는다.

2) 멸치와 다시마를 우린 국물을 만들어 식힌 뒤, 1)의 콩잎에 부어 하루를 삭힌다. 콩잎의 억센 맛이 멸치 국물에 길들어 먹기 좋아질 뿐 아니라 영양에도 좋다.

**멸치와 다시마를 우린 국물을
콩잎에 부어 하루를 삭힌다.**

3) 2)의 잘 삭은 콩잎을 건져 꼭 짜낸 뒤, 된장에 박는다. 이때 된장 항아리에 박으면 된장 전체 맛이 바뀔 수 있으니 작은 그릇에 콩잎 두 장 깔고 된장 한 번 바르고, 다시 콩잎 두 장 깔고 된장을 바르는 식으로 한 켜씩 발라 준다. 맨 위에는 된장을 좀 넉넉히 얹어 흘러내리도록 한다.

4) 일주일쯤 지나 콩잎에 된장 간이 배면 먹을 만큼씩 꺼내 먹는다.

콩잎된장장아찌.

단맛1.
물엿의
달콤한 유혹에서
벗어나기

간장, 된장 다음은 당연히 고추장. 그런데 고추장 담그기에 앞서 단맛 이야기를 꼭 해야겠다. 고추장을 담그려면 단맛 나는 걸 넣어야 하는데, 보통 별생각 없이 물엿을 넣는다. 고추장만이 아니라 물엿이 들어가는 조리법이 많다. 우리 밥상에서 물엿이 판을 치니, 우리가 시장에서 쉽게 사다 먹는 물엿이 무엇인지 꼭 알아야 하지 않겠는가.

직접 만든 쌀조청.

아는 만큼
건강해진다 4 물엿

◆ 물엿으로 둔갑한 수입 옥수수

서울 사는 친지 집에서 하루 신세를 졌다. 하룻밤 자고 아침밥까지 얻어먹는데, 이 집 음식이 당 범벅인 거다. 김치도 찌개도 고추장도, 조림도……. 설탕을 쓴 것도 아 닌데 말이다. 음식을 먹으며 생각해 보니 문제는 이 집 양념이다. 시장에서 산 양념 을 이리저리 넣어 먹기만 해도 이렇게 단 음식이 되는구나.

설탕이 정제당이라 나쁘다고 설탕 줄여 먹기를 열심히 했다. 커피에도 안 넣고 아 이들 간식도 무가당을 고르고, 반찬에도 거의 넣지 않는다. 그 덕에 가정에서 설탕 쓰는 양은 그리 많지 않다. 그런데 우리나라 음식은 달다. 거의 모든 음식에 단맛이 들어가 있다고 봐야 한다. 어째서 그럴까? 그건 설탕 말고도 단맛을 내는 양념이 널 려 있기 때문이다.

주부라면 누구나 나쁘다고 알고 있는 사카린(당원, 뉴슈가). 아직도 시골 떡방앗간에 서 떡을 하거나 미숫가루를 빻으려면 사카린을 넣지 말아 달라고 신신당부해야 한 다. 사카린이 들어간 맛을 당연하게 여겨 알아서 넣어 주기 때문이다. 사카린의 빈 자리를 채운 게 인공감미료 아스파탐. 아스파탐은 단맛이 강한 인공감미료로, 위해 성 논란이 많다.

그 다음이 올리고당. 이게 건강식품이라고 열심히 찾아 쓰는 집이 많은데 나는 한 번도 써보지를 않아서 모른다. 자료를 찾아보니 공장에서 만들어 파는 올리고당은 원재료와 품질이 여러 층이다. 더 놀라운 건 원재료가 사탕수수인지 옥수수전분인 지 표시하지 않았다. 어찌 되었든 공장에서 만들어 파는 올리고당은 인공으로 합 성한 정제당이라고 한다. 올리고당의 제조과정이나 장단점을 잘 살펴보길 바란다. 여기서 꼭 다루고 싶은 당은 앞에서 말한 대로 물엿이다. 물엿은 10~20년 사이 알게 모르게 우리 삶 속으로 들어왔다. 심지어 할머니들이 고추장을 담그실 때 전에는 넣지 않았던 물엿을 부러 사다가 넣으신다. 쌀로 조청만 고아 넣는 것보다 물엿을 넣어야 빛깔도 예뻐지고 고추장이 잘 상하지 않는단다. 값싸고 상하지 않으니 부엌에 놔두고 요리에 줄줄 넣는다. 주부들만 물엿을 좋아하는 게 아니다. 시장과 식당에서 가장 좋아하는 양념도 바로 '투명한 물엿'이란다.

물엿의 성분과 원래 이름을 아시는가? 물엿은 수입 옥수수(그렇다면 유전자변형농산물(GMO)!)전분이 원료. 옥수수로 만든 엿인가? 옥수수엿은 쌀 대신 옥수수를 엿기름에 삭혀서 만드는 엿이다. 물엿은 우리가 알고 있는 엿하고는 아무 관련이 없다. 옥수수전분을 물에 푼 다음 산(황산, 염산, 수산 가운데 하나)을 넣어 당화(糖化)한다. 그래서 본이름은 '산당화엿'. 그렇다면 어째서 사람 헷갈리게 물엿이라 했을까? 상술이 법망을 이용해 그 이름을 사용했고 그 덕에 사람들은 속아 넘어가 엿인 줄 알고 쓰고 있다.

아는 만큼
건강해진다5 <u>액상과당(액상포도당)</u>

◆ 액상과당은 독소다

단맛 이야기가 나온 김에 한 가지 더, '액상과당' 이야기도 해보자. 나는 솔직히 액상과당이란 게 있는 줄도 몰랐다. 프랑스의 기자 출신인 윌리엄 레이몽은 자신의 책 『독소』에서 액상과당을 '독소'라고 말한다. 코카콜라가 설탕으로 단맛을 낼 때는 사람들이 내리 두 병을 사서 마시지 못했는데, 설탕 대신 액상과당을 사용하면서 무한 리필이 가능해졌고, 그 덕에 미국은 비만사회가 되었다고 한다. 설탕이 우리 몸에 어느 정도 들어오면, 몸이 '이제 그만'이라는 신호를 보내는데, 액상과당은 아무리 들어

와도 그런 신호가 나타나지 않는단다. 이 옥수수당은 우리 몸의 유전자에 아주 낯설, 그래서 지나친지 아닌지도 구별하지 못하는 정체불명의 당이란다.

액상과당이 무엇인지 알아보았다. '과당'이란 원래 과일에 들어 있는 자연의 단맛을 말한다. 이 과당을 오래 전에는 사탕수수를 가공해서 만들다가 지금은 값싼 옥수수 전분으로 만들기 시작했다. 그래서 진짜 이름은 '고과당 옥수수 시럽'.

물엿이든 액상과당이든 또는 다른 이름인 액상포도당이든 한마디로 옥수수로 만든 액상당인 건 같다. 들어갔는지 안 들어갔는지 모르게 산뜻한 단맛. 시간이 지나도 굳지 않고, 촉촉하면서도 윤기가 자르르 흐르게 보이는 매력. 거기에 값싸기까지. 식품회사와 식당이 열성적으로 이들을 쓰고, 결국 소비자인 우리들이 그걸 먹고 살고 있다.

'화학조미료는 안 씁니다' 하는 식당이라도 물엿은 넉넉히 넣을 거고, 명절에 선물 들어온 전통 수제한과에도, 커피 집 투명한 시럽 속에도, 인절미에도, 울릉도 호박엿에도, 심지어 우리 아이들이 좋아하는 할머니표 무말랭이김치에도 물엿이 들어 있더라. 도대체 액상당이 안 들어간 음식은 뭐가 있는 거야?

음료수 한 잔, 식당 밑반찬이나 김치 한 쪽 정도에 들어 있는 액상당은 얼마 안 되는 양이다. 하지만 아침부터 저녁까지 대충 사람들이 먹는 음식을 따져 봤을 때 거기 들어 있는 액상당은 모두 얼마나 될까? 야식으로 양념통닭에 콜라를 마신다면 거기에는 얼마나 들어 있을까? 액상당을 통해 우리가 알게 모르게 수입 옥수수를 얼마나 많이 먹는지! 한 방송사에서 〈옥수수의 습격〉이란 다큐멘터리를 방영했는데 거기에 따르면 우리 몸 1/3이 수입 옥수수로 이루어져 있단다. 그만큼 옥수수로 만든 액상당을 많이 섭취한다는 뜻이다.

인터넷에서 이런 글을 봤다.

"액상과당이 들어 있는 음식을 많이 먹으면 술을 마시지도 않는데 간에 지방이 축적돼 간에 손상을 준다는 연구결과가 나왔다."

"아이에게 액상과당을 먹이느니 차라리 소주를 마시게 하라."

나는 액상당의 섭취량도 걱정이지만 산뜻한 단맛에 입맛이 길들여지는 게 더 무섭다. 단맛에 길들어 버리면 그만큼 자극적인 맛이 아니면 맛없다고 느낀다. 사람을 먹여 살리는 곡식의 맛, 사람의 몸에 활기를 주는 채소의 맛. 이런 맛을 '맛없다'라고 인식할 수 있다. 그래서 점점 밥은 적게 먹고, 채소는 온갖 양념, 아니 고기와 뒤범벅을 해놔야 겨우 먹는다. 그것도 맛이 있니 없니 투덜대고 가려내면서.

이래서야 건강을 제대로 유지할 수 있겠는가. 아이들이 채소나 소박한 나물무침을 안 먹는다면, 그건 이유기 때부터 단맛에 길들여 놓은 부모의 책임이다. 이 단맛에서 벗어나기를 해 본 주부들은 입을 모아 단맛에서 벗어나려면 짧게 잡아도 5년은 걸린다고 한다. 이 얼마나 무서운 중독인가.

*단맛에서 벗어나려고 할 때 채소 삶거나 찐 물을 마시면 도움이 된다.

∞ 단맛의 자급— 쌀조청 만들기

단맛을 자급하는 가장 좋은 길이 바로 쌀로 조청을 고는 일. 쌀조청은 소화를 돕는, 우리 몸에 아주 좋은 먹을거리다. 다만 시장에서 쉽게 구할 수가 없다. 시장에 나오는 쌀엿들은 실제 물엿 비중이 더 높고 쌀엿은 색깔을 내는 정도로 섞였기 쉽다. 단가 때문이다. 물엿과 생협 쌀조청의 가격을 견주어 보자. 생협 쌀조청이 500g에 5,850원. 물엿은 대용량은 관두고 가장 작은 소포장 1.2kg이 2,200원이니 어림잡아 여섯 배 차이 난다. 하지만 한번 쌀과 엿기름을 구해 직접 엿을 고아 보면 생협 쌀조청이 결코 비싼 게 아니라는 걸 알리라.

생협 쌀조청은 비싸고 소포장밖에 없으니, 집에 있는 쌀과 엿기름으로 엿을 곤다면 두고두고 먹을 수 있다. 다시 말하지만, 쌀조청을 고는 일은 그리 만만한 일이 아니다. 쌀조청을 하기에 앞서 식혜를 만들어 보자. 식혜가 손에 익었다면 다음은 쌀조청에 도전할 수 있다.

살아 있는
밥상6 🍚

◆ **밥식혜 손쉽게 만들기**

보통 식혜는 밥 삭은 물에 밥알을 동동 띄워 차게 해서 음료수로 마신다. 우리 집은 식혜를 따뜻한 밥처럼 끼니로 즐겨 먹는다. 설탕을 한 톨도 넣지 않은 따뜻한 물과 잘 삭은 밥알이 섞인 식혜 한 그릇을 비우고 나면 온몸이 편안하게 풀어지며 뒤끝이 담담하다. 물론 속도 아주 편안해 한여름 저녁 일을 마치고 돌아와 출출할 때 한 그릇 먹으면 좋다.

준비물 : 쌀 2컵, 엿기름가루 1컵, (입맛에 따라 생강조각 약간), 베보자기, 전기밥솥.

보통 설탕을 넣는 식혜는 쌀과 엿기름의 비율이 1:1/3~1/4 정도이지만 설탕을 넣지 않고 만드는 밥식혜는 쌀과 엿기름 비율을 1:1/2까지 해주면 좋다. 여기서는 10인분 전기밥솥에 하는 걸 기준으로 해본다.

엿기름가루.

엿기름을 물에 풀어 우리기.

1) 쌀로 고두밥을 지어 60℃ 아래로 식힌다. 쌀로만 지었다면 찬밥을 써도 괜찮다.

2) 베보자기에 엿기름가루를 넣는다. 엿기름이 든 베보자기를 찬물(6컵)에 넣고 주무르며 엿기름가루를 고루 풀어서 엿기름물을 우린다.

3) 전기밥솥에 찬밥과 엿기름 우린 물을 넣는다. 이때 생강도 넣는다.

4) 60℃의 보온상태로 6~7시간을 둔다.

5) 밥알이 몇 알 동동 뜨면 다 삭았다. 밥과 밥 삭은 물을 10분쯤 끓이면 식혜 완성. 단맛을 좀 더 주고 싶으면 설탕보다는 쌀조청을 넣으면 좋다.

*Tip 보관 주의

이렇게 설탕을 안 넣은 식혜는 계속 발효한다. 저녁에 끓였다가 다음날 아침에 먹으면 더 달다. 대신 날이 더우면 금방 잘 상한다. 엿기름의 발효 능력이 돋보이나 이걸 만들어 먹는 사람은 좀 성가시다. 냉장보관 한다.

설탕 없이 엿기름과 쌀로만 만든 식혜.

숨 쉬는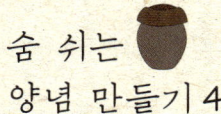
양념 만들기 4

◆ 쌀조청

준비물 : 쌀 2kg, 엿기름가루 0.5kg(이 분량이면 꿀 병 하나 정도 채울 조청이 나온다. 조청은 전분을 이용하는 요리로, 백미가 현미보다 양이 더 나온다. 영양가는 현미조청이 더 좋겠지만……).

1) 쌀로 고두밥을 지어 60℃로 식힌다.

2) 식힌 쌀밥에 물을 1.8ℓ 병으로 5병 붓고 엿기름가루를 묽게 풀고 온도를 60℃에 맞춰 밥알이 삭도록 기다린다(6~7시간).

3) 밥알이 동동 뜨고 단내가 나면 다 삭은 것. 여기까지는 식혜 만들 때와 비슷하다. 이 제부터 조청 만드는 방법은 식혜와 다르다. 이 밥 삭은 물을 짜서 건더기는 거르고 맑은 물만 모은다. 이 맑은 물이 엿물이다.

삭은 엿물 짜내기.

4) 이번에는 엿물을 불에 얹어 곤다. 처음에는 센 불에서 잘 저어 주다가 팔팔 끓기 시작하면 불을 중불로 바꾸고 가끔 저어 주며 오랫동안 곤다. 6~7시간을 고면 어느 순간 빛깔이 검붉게 바뀌고 거품이 일며 공기방울이 터지기 시작한다. 처음에 거품이 모래알만

조개만한 거품이 일 때까지 끓인다.

할 때 그만두면 묽은 엿이 되는데 이게 고추장의 기본 베이스인 고추장조청. 이건 그대로 상온에서 장기보관이 어렵다. 상온에서 보관하려면 조금 더 고아야 한다. 조개만한 거품이 일고, 찬물에 한 방울 떨어뜨려 엉기면 저장성 있는 쌀조청이 된 것.

*Tip 호박조청으로 응용하기!

쌀조청을 만들 때 늙은호박도 하나 넣어 호박조청을 고을 수 있다. 쌀로 밥을 해 전분을 익히듯, 호박도 썰어서 씨와 태자리는 빼고 껍질째 삶아 익힌다. 이 삶은 호박을 2)에서 밥과 함께 엿기름물에 삭힌 다음, 건더기를 짜내서 엿물을 모아 고면 된다. 호박조청은 쌀조청에 견주어 부드럽고 구수한 맛이 있다.

단맛2.
봄꽃 피니
효소차 담가 볼까!

처음으로 못자리를 하던 날. 논에서 집으로 돌아오는 굽이굽이 논둑에 들꽃이 어찌
나 예쁘게 피어 있던지, 봄맞이꽃, 제비꽃, 민들레, 작디작은 꽃마리까지……. 보이는
꽃마다 한 송이 두 송이씩 따 모았다. 그렇게 앞치마 가득 따 모은 꽃들로 꽃효소차
를 담갔다. 그때 담근 효소차가 작은 음료수병으로 하나였나? 이듬해 그걸 먹으니
봄꽃향이 온몸에 퍼지는 기분이었다. 그렇게 해서 산골에 지천인 풀, 꽃, 싹, 열매, 뿌
리 등으로 이런저런 효소차를 담가온 지 10여 년.

요즘 들어 효소차가 인기다. 웬만한 가정에서도 봄이면 매실을 구해서 담그고, 가을
이면 오미자로 효소차를 담근다. 이 효소차의 열풍을 보면서 두 가지 상반된 마음
이 함께 한다. 한 가지는 효소차 더 잘 담그는 법을 훈수하고픈 마음, 다른 한 가지는
단맛에 대한 걱정. 이게 몸에 좋으니 아니니 해도 설탕 넣어 단맛을 낸 먹을거리니까.

여러 가지 꽃으로 단맛을 만드는, 나는야 꿀벌.

∞ 효소(유효발효균)와 효소차(약초설탕발효액)

여기서 '효소차'는 보통 '효소'라고도 부르는 액상식품이다. 설탕에 산야초를 절인 뒤 발효시키는 이 효소차의 정확한 이름은 '약초설탕발효액'으로 과학에서 말하는 효소가 아니다. 과학에서 말하는 '효소(酵素)'란 체내에서 저절로 만들어지는 체내효소(유효발효균 엔자임)와 식품에 존재하는 식품효소로 나뉜다. 일상에서 약초설탕발효액을 효소라 칭하지만, 진짜 효소와 구별하기 위해 효소차라 부르겠다.

식품효소는 곡식의 씨눈에 가장 많이 들어 있고, 야채나 과일, 심지어 생고기에도 들어 있단다. 밀이나 보리를 싹 틔워 말린 엿기름에 들어 있다는 아밀라아제(amylase), 배에 들어 있는 단백질 분해효소인 프로테제(protease), 무에 들어 있는 디아스타제(diastase)······. 이런 식품효소 때문에 고기를 잴 때 배를 갈아 넣고, 무를 먹으면 소화가 잘돼 방구가 뽕뽕 나오며, 잔칫날 과식해도 쑥쑥 내려가라고 식혜를 담그는 거다.

체내효소는 건강한 몸이 신선한 먹을거리를 먹고 소화 분해하는 과정에서 스스로

잘 발효된 청국장.

만들어 낸다. 식품을 먹으면 우리 몸은 그걸 흡수 가능한 영양분으로 변화시키는데 이 때 체내효소가 활약을 한다. 그래서 효소가 중요하다.

싱싱한 생야채와 채소로 담그는 김치, 콩으로 담그는 장류, 쌀과 과일로 담그는 식초, 곡류로 빚는 술, 젓갈……. 이런 전통 발효음식에는 효소가 풍부하게 들어 있어 따로 식품효소를 먹지 않아도 되리라. 그런데 날마다 먹는 끼니가 즉석식품으로 바뀌고, 양념을 잔뜩 넣고 지지고 볶아 식품효소를 다 죽여 버렸다. 게다가 나이가 들어감에 따라 몸의 신진대사 능력이 떨어지면 체내효소가 모자라게 된다. 그걸 보충해 준다는 건강식품 '효소'가 인기인 거다.

시중에 효소라는 이름을 붙여서 파는 상품은 두 가지가 있다. 하나는 설탕에 절인 효소차 시리즈, 다른 하나는 곡물에 누룩균을 접종해(마치 청국장이나 누룩을 띄우듯이) 그걸 말려서 가루로 파는 곡물효소다.

∞ 장 담그듯 정성스레 효소차를 담가야

효소차가 언제 어떻게 시작되어 지금 유행하게 되었을까? 인터넷을 찾아보니 답을 찾기 어렵다. 14년 동안 효소차를 만들어 팔아온 유명한 생산자에게 전화를 드려 물었더니 잘 모르겠다고 하면서 일본에서 20년 전쯤에 들어오지 않았을까? 이렇게 조심스레 추정하신다.

그럼 나는 어디서 이걸 배웠나? 유기농법을 배우면서 더불어 배웠다. 유기농을 하려면 화학비료와 농약을 쓰면 안 된다. 그렇다고 그냥 내버려 두면 제대로 된 농산물이 안 나온다. 자연의 순리에 따라 농사를 지으려고 정성을 들이면서 효소가 나왔다. 고추를 기를 때, 고추 부산물을 모아 효소를 담가 그걸 고추한테 뿌려 준다든지, 거름을 띄울 때 고두밥을 지어 그 지역에 살아 있는 발효균을 모아 그걸 넣어 준다든지…….

인터넷에서 백초효소차가 우리나라 전통의 음식이라고 주장하는 효소차 전문 사이트가 눈에 들어왔다. 이 사이트를 운영하는 분은 한의사였던 할아버지가 백초를 꿀에 재서 먹으면 약이 된다고 가르치신 걸 이어받아 지금 백초효소차를 생산하고 있단다.

그 유래가 어떻든 지금처럼 설탕에 재는 효소차는 설탕이 흔해진 최근에 담기 시작했고, 그 주재료 역시 설탕이다. 부엌에서 설탕을 몰아냈지만, 대신 설탕으로 담근 효소차가 자리를 차지하고 있다. 설탕을 쓰면 뭔가 찜찜하거나 심지어 죄의식까지 느껴지지만 효소차를 쓰면 왠지 안심이 되는 식이다. 효소차를 담글 때 들어가는 설탕은 발효과정에서 효소균의 먹이가 되어 단당류인 포도당으로 바뀐다지만, 집에서 내가 담근 효소차에 있는 당은 어떤 당인지 알 수 없는 노릇이다.

한 발 떨어져서 보면 효소차가 유행인 건 우리시대가 단맛 전성시대라 그런 게 아닐까? 귀농 15년을 돌아보니, 주변에서 처음 효소차를 알게 되면 여기에 열광한다. 그러다 시간이 흐르면 이걸 업으로 삼는 이를 빼고는 그저 장 담그듯 여러 발효식품 가운데 하나 정도로 여긴다. 나 역시 효소차를 내 손으로 만들 수 있는 단맛 나는 발효식품이라고 생각한다.

지금 우리나라는 음료수가 넘쳐 난다. 길거리를 걸어 보라. 시냇가에 물 흐르듯 음료수가 흐른다. 콜라, 사이다, 옥수수수염차, 기능성 음료, 과일주스, 심지어 건강식품인 홍삼액……. 이 모든 음료에는 액상과당이라는 단맛이 들어 있다. 앞에서도 말했듯이 이 액상과당은 값싼 수입 옥수수를 산화해 만든 정체불명의 당이지만 사람 혀에는 깔끔한 단맛이 '끝내준다.' 하지만 정체불명의 당이니 건강에 어떤 영향을 끼칠지 알 수 없다. 비록 효소차도 설탕범벅이지만, 액상과당의 위험한 단맛에서 벗어나기 위한 징검다리로 효소차를 추천한다.

액상과당의 깔끔한 단맛에 길들여진 혀에는 발효식품인 효소차가 거북할 수 있다. 발효음식의 독특한 풍미 때문이다. 효소차와 친해지기를 원한다면 신맛이 적당히 섞인 매실과 오미자로 만든 효소차가 좋다. 더 나아가 단맛의 찜찜함을 한방에 날릴 수 있는 발효음료를 먹고 싶다면 자연발효식초를 추천한다. 자연발효식초야말로 아무것도 첨가하지 않은 100% 천연발효식품이니까.

하지만 사람이다 보니 가끔은 달콤한 무언가가 당긴다. 또 음식을 만들다 보면 단맛이 들어가야 할 때가 있다. 그때 양념으로 효소차 원액을 조금 넣으면 맛과 향이 달라진다. 정체불명의 물엿과 액상과당이 넘치는 시대, 가정에서 단맛을 손수 만들어 먹는 데는 효소차를 추천한다.

∞ 효소차 담그는 원리

앞에서도 말했듯 설탕에 절이는 효소차는 이제 채 20년이 안 되는 역사를 가지고 있다. 또 효소차 생산자가 영세한 유기농 생산자였다. 그러다 보니 이제야 효소차 담그는 법에 관한 연구를 산학협동으로 시작했다. 한데 그 연구결과의 가장 중요한 부분인 담그는 법은 '산업 비밀'이란다. 가정에서 담그는 법 역시 '정설'이 없다. 발효식품의 특성이 그러하듯 '내 손에 따르면'이다. 내 경험을 소개하니 여러분의 손맛으로 발전시켜 나가기를 바란다.

효소차는 세 단계의 발효를 거친다.

먼저 1차 발효. 재료가 설탕에 절여지며 발효가 일어나는 시간이다. 재료에 따라, 담그는 계절에 따라 시간차가 난다. 재료를 설탕에 잰 뒤 잘 저어 주라는데 처음에는 설탕을 잘 녹이기 위해서인 줄 알았다. 그러다 효소발효에 관한 공부를 다시 하면서 더 중요한 이유가 있다는 걸 알았다. 설탕은 이당류이고 분해되면 단당류인 포도당이 되는데 이 과정에서 효소균이 이산화탄소를 내뱉는다. 설탕을 녹인다고 저어 주면 거품이 부글부글 올라오는데 이게 바로 이산화탄소가 빠져나오고 신선한 산소가 공급되는 과정이다.

재료를 설탕과 버무린다.

1차 발효에서 설탕이 다 녹아 효소균의 먹이가 되고, 이때 생기는 이산화탄소를 잘 빼야 효소균이 살아갈 좋은 환경이 된다. 그래야 초산발효가 일어나 시큼해지거나 알코올발효가 일어나 술이 되지 않는다. 자주 저어 설탕이 다 녹고 거품도 더 이상 안 올라오면 1차 발효 끝. 재료에 따라 날씨(온도)에 따라 이 과정은 차이가 난다. 빠르면 열흘, 늦으면 두어 달. 오래 절인다고 좋은 게 아니다. 너무 오래 놓으면 뺄 필요 없는 성분까지 빠져나갈 수 있다. 거품이 올라오는 게 그치면 거를 때다.

당도도 중요하다. 설탕을 적게 넣으면 좋지만 설탕이 적으면 상해서 몽땅 버릴 수 있다. 효소차 담그는 걸 처음 배울 때는 재료와 설탕의 비율을 1:1로 하는 게 좋다. 더 정확하게는 당도계로 50brix(인터넷 카페 〈효사모〉 참고)다.

그러다 효소차 담그는 법이 손에 익으면 재료에 따라 설탕 양을 줄이며 담글 수 있다. 여름을 날 때는 어렵지만 가을에 담글 때는 설탕 양을 줄여도 상하지 않고, 수분이 적은 재료는 설탕을 적게 넣어도 된다. 또 당도가 높은 과일은 설탕을 거의 넣지 않고도 발효에 성공할 수 있다. 이런 시행착오 없이 설탕을 적게 넣고 효소차를 담그고 싶다면 냉장고에서 발효를 시키며 자주 열어 이산화탄소를 빼주어야 한다.

1차 발효. 거품은 효소차가 발효하고 있다는 증거다.

2차 숙성발효. 항아리에 효소차를 담고
베보자기를 덮어 고무줄로 아구리를 묶는다.

2차 숙성발효는 가장 중요한 숙성단계이다. 건더기를 건진 뒤, 효소발효가 숙성되는 시간이다. 이때는 1차 발효 때처럼 부글부글 끓을 정도는 아니지만 이산화탄소가 어느 정도 생긴다. 그렇기에 공기가 통하게 하고, 중간에 한두 번씩 젓는 게 좋다. 항아리를 70% 정도 채우게 담는다.

이 숙성발효를 거치기 전 단계에 먹으면 설탕물을 먹는 셈이다. 숙성발효 기간은 최소한 6개월은 넘는 게 좋다는 데에 대부분이 동의한다. 사람마다 하는 말이 다른데, 3년은 발효해야 한다고 주장하는 이도 있고, 1년이 넘으면 아무리 두어도 유효균이 더는 생기지 않는다는 연구결과도 있다.

후발효는 꼭 해도 되고 안 해도 된다. 효소차를 물에 타 먹을 때 바로 타서 먹는 것보다 반나절 정도 미리 타놓았다가 마시면, 후발효가 일어나 상큼하고 톡 쏘는 맛이 생겨 청량감이 높다. 이때 되도록 달지 않게 타서 마시도록 하자. 이 후발효 성질 덕분에 잘 관리하지 않으면 맛이 변하기 쉽고, 택배로 보내면 운송 과정에서 터지는 수가 있다. 더운 기온에 과발효가 일어난 거다. 더운 날, 효소차를 운반한 뒤라면 하루나 이틀 냉장고에 넣었다가 뚜껑을 여는 게 좋다.

숨 쉬는
양념 만들기 5

◆ 단맛 양념의 여왕 - 양파효소차

누구나 쉽게 시작해 양념으로 쓸 수 있는 양파효소차 담그는 법을 소개하고자 한다. 음료로 마시는 효소차는 성공과 실패가 눈에 두드러지지만 양념으로 쓰는 건 어지간하면 통과다. 햇양파가 흔하디흔한 초여름에 한번 도전해 보시기를!

준비물 : 양파와 설탕(양파는 물기가 많이 우러나오는 재료로 양파와 설탕 비율은 1:1. 양파 무게를 달아 그 무게만큼 설탕을 덜어 놓는다. 유기농 비정제당이 깊은 맛이 난다), 항아리(발효를 위해 숨을 쉬어야 하니 공기가 통하는 항아리가 좋다)와 베보자기(없으면 안 입는 면옷을 잘라서 쓴다), 고무줄.

1) 양파는 흙이 묻은 겉껍질만 걷은 뒤, 껍질째 숭덩숭덩 썬다.

2) 썬 양파를 커다란 대야에 넣고 설탕의 2/3 분량을 넣고 고루 무친다. 나머지 설탕은 따로 두고 나중에 조금씩 얹으며 당도를 조절한다.

3) 설탕을 묻힌 양파를 항아리에 꼭꼭 눌러 넣고 따로 놓아둔 설탕을 조금 꺼내 맨 위에 한 켜 덮는다. 이때 재료가 항아리의 60%를 넘지 않도록 한다. 그래야 잘 저을 수가 있고 이산화탄소가 나오면서 거품이 끓어올라도 괜찮다. 공기는 통하고 개미나 벌레는 들어가지 못하도록 항아리 아구리를 베보자기나 한지로 덮고 고무줄로 꼭 여민다. 위에 항아리 뚜껑을 얹어도 괜찮다.

4) 초여름 더위에 효소발효가 왕성하게 일어난다. 2~3일 지나 양파가 어느 정도 절여졌으면 날마다 잘 저어야 한다. 이때 바닥의 설탕을 잘 녹여서 설탕이 다 녹으면 맨 위에 설탕을 한 켜씩 뿌리며 당도를 맞춘다. 이렇게 날마다 저으면 거품이 부글부글 끓어오르다 어느 정도 잦아든다. 양파에서 수분이 다 빠져 양파가 위로 둥둥 뜨고, 설탕

이 다 녹아 물이 되면 1차 발효가 끝난 거다. 당도는, 손가락에 묻혀서 엄지와 검지를 붙였다가 떼면 끈적끈적한 정도.

5) 다 절여졌으면 베보자기를 깔고 효소차를 거른다. 절임 물을 작은 항아리에 옮겨 담아 베보자기를 위에 씌우고 고무줄로 묶은 뒤, 항아리 뚜껑을 덮어 어둡고 서늘한 곳 (집에서 온도변화가 가장 적은 곳)에 두고 6개월 이상 발효시킨다.

베보자기를 깔고 효소차를 거른다.

양파 건더기와 양파효소차.

*Tip 효소차 사용

효소균은 45℃ 이상 뜨거운 곳에서는 죽는단다. 그러니 효소차를 먹을 때는 상온, 우리 몸의 온도를 넘기지 않는 게 좋다. 달지 않을 정도로 물에 5~10배 정도 타서 음료로 마신다. 이때 자연발효식초와 함께 타서 마시면 더욱 건강에 좋은 음료가 된다.

원액을 넣어 달콤하고 산뜻한 맛을 내는 양념으로 쓸 수도 있다. 초고추장, 비빔국수, 샐러드드레싱, 겉절이 등이나 고기를 잴 때 써도 좋고, 멸치나 말린 생선을 무칠 때도 넣는다. 익히는 음식에 넣으면 도로아미타불.

*Tip 단맛 양념의 황태자- 풋고추효소차

양념효소차를 하나 더 소개하자면 풋고추효소차가 있다. 여름에 풋고추가 흔할 때 매운 풋고추로 효소차를 담가 놓으면 칼칼한 양념으로 그만이다. 잔멸치를 아무것도 안 넣고 그대로 볶다가 이 풋고추효소차를 조금 넣고 들기름만 넣고 무치면 개운한 멸치볶음을 만들 수 있다.

살아 있는
밥상7

◆ 부추겉절이

봄에서 초여름은 겉절이 해먹기 좋은 철이다. 부추겉절이 양념에 약간의 단맛이 들어가면 좋은데, 부추는 꿀과 상극이라고 한다(『동의보감』〈탕액편〉참고). 대신 효소차로 단맛을 주면 맛깔스러운 겉절이를 무칠 수 있다. 여기에 자연발효 과일식초를 넣으면 더욱 산뜻하면서 싱싱한 겉절이를 만들 수 있다.

준비물 : 부추 1단, 자연식초 1큰 술, 저염간장 1/2큰 술, 양파효소차 1/2큰 술, 고춧가루 1/2큰 술, 다진 마늘.

1) 부추를 깨끗이 다듬고 씻어 체에 밭쳐 물기를 뺀다.
2) 바가지에 겉절이 양념을 먼저 만든다. 고춧가루, 신맛이 은은한 자연식초, 양파효소차, 간장. 양념 재료를 술술 따르기만 하면 양념 끝. 자연양념은 맛이 순해 양이 조금 더 들어가거나 적게 들어가도 크게 문제가 되지 않고 맛을 책임진다.
3) 밥상을 다 차리고 마지막에 부추와 다진 마늘을 양념 바가지에 넣고 뒹굴려 접시에 담는다.

자연양념만으로 만든 부추겉절이.

*Tip 다양한 겉절이를

민들레 잎, 왕고들빼기, 쑥, 파드득나물, 당귀 잎과 같은 산야초 역시 연할 때 겉절이를 해먹으면 좋다.

민들레겉절이.

숨 쉬는 양념 만들기6 + 살아 있는 밥상8

◆ 매실효소차와 매실장아찌를 한 번에

매실효소차를 담가 매실장아찌까지 얻는 일석이조의 방법을 간단하게 정리한다. 하지 무렵, 단단하게 여문 청매로 매실효소차를 담근다. 이때 씨를 빼고 매실 살로만 효소차를 담그면 그 우러난 물은 효소차가 되고 건더기는 장아찌가 된다. 한 번에 두 마리 토끼를 잡아 1년 먹을거리를 마련하자.

준비물: 청매와 설탕(비율은 1:0.7~0.8), 항아리, 베보자기나 한지, 고무줄, 매실작두.
청매는 6월 중순에서 말까지 속의 씨는 단단해지고, 겉의 과육은 아직 덜 익은 걸로 준비한다. 흠집이 없고 과육이 통통한 청매가 좋다.

1) 매실의 씨를 빼는 방법은 여러 가지다. 벽돌로 눌러서 빼는 방법, 칼로 칼집을 넣어 매실 살을 도려내듯 빼는 방법. 나는 나무로 매실작두를 만들어 매실 씨를 뺀다. 매실작두는 아래 사진과 같이 만든다. 나무각재와 못만 있으면 만들 수 있다. 매실효소차를 담그는 철이면 매실작두를 파는 곳이 있다. 하나 사면 여러 해 쓰니 본전을 뽑을 수 있다. 작두에 꼭지를 딴 매실 한 알을 꼭지 있던 쪽이 아래로 가게 바로 세워 작두로 누른다. 그러면 씨가 톡 튀어나온다. 살만 모은다.

매실작두로 매실 살만 바른다.

2) 매실 살만으로 앞의 방식대로 효소차를 담근다.

3) 여름철인데다 매실 살만 발라냈으므로 15~20일이 지나면 1차 발효가 된다. 그러면 고운 베보자기에 걸러 효소 물과 건더기를 나눈다. 이때 억지로 짜내기보다 하루나 이틀 가만히 두어 자연스레 흘러나오는 걸 모으는 게 좋다.

4) 효소 물은 작은 항아리에 담아 본 발효를 한다.

5) 매실 살을 건져 장아찌를 담그거나, 여름 내내 장항아리 맨 위에 얹으면 여름철에 장이 상하는 것도 막고 장맛도 산다.

◆ 매실장아찌

1. 고추장매실장아찌

유리병에 매실 살 한 켜, 고추장 한 켜 이렇게 담고 맨 위에 고추장을 듬뿍 얹으면 고추장매실장아찌가 된다. 또는 고추장을 담을 때 매실 살을 성기게 갈아 넣고 담그면 매실고추장이 된다. 여름에 매실고추장 하나 있으면 밥도둑이 따로 없다.

왼쪽부터 차조기를 얹은 매실장아찌, 소금물, 된장 매실장아찌.

2. 된장매실장아찌

유리병에 매실 살 한 켜 된장 한 켜 이렇게 담고 맨 위에 된장을 듬뿍 얹어 두면 된장매실장아찌가 된다. 된장을 날로 먹을 때는 혹시 있을 수도 있는 잡균 때문에 식초와 함께 먹어야 하는데, 매실과 함께 먹으면 걱정이 없다. 된장매실장아찌가 있으면 언제라도 된장매실소스, 된장주먹밥을 쌀 수 있다. 죽이나 누룽지 끓여 먹을 때 밑반찬으로 아주 좋다.

3. 소금물매실장아찌

매실 살을 유리병에 넣고 달걀이 뜰 정도 농도인 소금물을 병 아구리까지 붓는다. 이 매실장아찌를 샐러드, 초무침, 겨자무침에 넣으면 새콤달콤한 맛을 살려 준다.

10분 만에
고추장 담그는 법

서울 사는, 바쁘게 일하는 친구한테서 전화가 왔다. 아이들이 중고등학생이었을 때는 일주일에 한 번, 일요일 점심에야 식구 모두 모여 밥을 먹었단다. 아이들이 대학생이 되니 명절이 되어야 그런 자리가 생긴단다. 그러다 보니 살림에서 절로 멀어져 집에서 커피 타먹는 정도가 부엌일이라는 친구다.

친구 사이 전화가 그렇듯 서로 안부부터 한참 주고받고 나서 전화한 용건이 나왔다. 뜻밖에도 '고추장과 된장을 사달라.'

밥을 거의 안 해먹는다더니 웬 된장 고추장? 친구 동생이 얼마 전에 암 수술을 했단다. 암이 흔한 세상이지만, 막상 자기 식구 가운데 암 환자가 생기면 얼마나 놀라운가. 나 역시 몇 년 전에 언니를 저 세상으로 보내서 그 마음을 알 수 있다. 처음

때깔 좋은 고추장.

에는 당황스럽고 그 다음에 진정이 되면서 자기 자신을 돌아보게 된다. 왜 이런 병을 얻게 되었을까? 여기서 빠져나가려면 어찌 해야 하는가? 언제 또 누가 암이라 할지 알겠는가?

친구는 먹는 게 새삼 중요하다는 걸 느꼈나 보다. 그래서 제대로 담근 된장, 고추장을 찾는다. 장이 맛있으면 밥을 해먹기 쉽다. 된장 한 숟갈 떠서 보글보글 끓여 놓고, 쌈장 만들어 쌈을 싸서 먹으면 좋다. 고추장에 밥 비벼 먹어도 얼마나 맛있는가. 그래서 살림꾼은 양념만은 손수 만들어 먹는다. 그렇다고 도시 아파트에서 콩을 삶아 메주를 띄우고, 찹쌀로 조청을 고기는 어려운 일. 친구처럼 제대로 된 장을 먹고 싶은데 전통의 방법대로 만들 여유가 없는 분을 위해 여기 즉석에서 고추장 만드는 법을 소개하고자 한다.

아는 만큼
건강해진다6 고추장

◆ **공장 고추장은 어떻게 만들까? 재료는 비슷할까?**

고추장은 우리나라 양념 가운데 가장 사랑 받는 양념이다. 그런데 이 전통 고추장에 뭐가 들어가는지 아는 이는 많지 않다. 고추장은 조청(달콤한 맛)+메줏가루(구수한 맛)+고춧가루(매콤한 맛)+소금 간(짠맛)이 어우러져 빚어진 발효음식이다.

들어가는 재료가 많아 손수 농사지은 재료로 고추장을 담가 먹으려면 3년이 걸린다. 그러다 보니 우리나라 장류 가운데 가장 먼저 상품화되어 공장으로 나갔다. 장

항목		순창 전통 고추장	순창 고추장(개량식 고추장)	비고
주원료	전분	찹쌀 20% 이상 (국내산만 사용)	소맥분 (수입산 사용가능)	전통 고추장은 자연미생물을 이용하고, 공장 고추장은 종국을 이용하여 발효함
	효소원	전통 고추장 메주 (자연미생물)	고지(A O)	
	고춧가루	20% 이상 (국내산만 사용)	6% 이상 (수입산가능)	
	보존료 (방부제)	사용불가	기준치 이내 사용가능	
발효	방법	자연발효(전통용기)	강제숙성(탱크)	
	기간	최소 6개월 이상	30일 이내	
살균		비살균	살균 (효모 선택적으로 제거)	전통 고추장은 비살균으로 부풀어 오르는 경우가 있음
생산자		전통 고추장 제조기능인	품질관리자	
포장방법		개방형	밀폐형	전통 고추장은 부풀어 올라 밀폐시 터질 수 있음
상품보관방법		냉장보관	상온보관	전통 고추장은 부풀어 올라 반드시 냉장보관하여야 함
기타원료		엿기름	물엿, 혼합 조미료	

광주광역시 교육연수원 교원연수교재 161쪽 '순창군 장류개발사업소' 자료 인용.

가운데 가장 역사가 짧아서일까? 가장 먼저 뿌리가 뽑혔다.

왼쪽 표는 공장 고추장과 전통 고추장을 견주어 본 표다. 공장 고추장은 보존료(방부제 등)를 기준치 아래라면 얼마든지 넣는다. 그리고 살균처리해서 나온다. 집에서 만든 고추장을 여름철에 도시락으로 싸가면 부글부글 끓는데, 파는 고추장은 그렇지 않은 걸 보면 알 수 있다.

수입 고춧가루는 붉은색이 강해 적은 양을 가지고도 소맥분에 붉은색을 입힐 수 있어 고춧가루를 적게 넣는단다. 이런저런 문제 가운데 내가 보기에 가장 큰 문제는 쌀조청 대신 산당화엿인 물엿이 들어가는 거다. '물엿이 뭐가 문제지?' 하는 분들은 〈단맛 1. 물엿의 달콤한 유혹에서 벗어나기〉 이야기 (95쪽)를 꼭 읽어 보시길 바란다.

∞ 맛처럼 재료도 사랑스러운, 고추장 담그기

무엇으로, 또 어떻게 만들었는지 모르는 공장제 고추장보다는 믿을 수 있으며, 몸에도 좋은 고추장을 내 손으로 만들 수는 없을까? 그것도 쉽게.

우리 큰애는 스무 살에 어린이 요리책을 냈다(『열두 달 토끼밥상』, 도서출판 보리, 2008). 그 덕에 가끔 어린이 요리교실에 강사로 간다. 한데 주최하는 곳에서 불과 칼을 쓰지 않는 요리로 해달란다. 참으로 까다로운 조건이다. 이런 어린이 요리교실에서 큰애는 고추장 담그기를 했다. 불도 칼도 쓰지 않고 아이들 손으로 고추장을 만들 수 있으니까. 자, 아이들도 할 수 있는 간단하고도 쉬운 즉석고추장 담그기. 한 번 들여다보자.

즉석 고추장이라지만 고추장 재료와 담그는 방법은 전통의 방법대로다. 고추장을 담글 때 가장 큰일은 찹쌀을 엿기름에 삭혀 조청을 고는 일이다. 앞에 나온 쌀조청 만들기대로 고추장조청을 고았다면 전통 그대로 고추장을 담글 수 있다. 고추장조청이 40℃ 아래로 식으면 고춧가루, 메줏가루, 소금을 넣어 고추장을 담그고 항아리에 넣어 발효시키면 된다.

하지만 쌀조청을 고기가 쉽지 않은 일이다. 해마다 조청을 두어 번 고는 나도 조청을 고을 때면 힘이 든다. 하지만 지금이 어느 때인가. 잘 고아진 쌀조청을 구하려면 구할 수 있는 시대. 그 조리법을 소개하겠다. 고추장 재료로 메줏가루가 있으면 그걸로 쓰고 없으면 청국장가루를 써도 된다. 여기에 어느 집에나 있는 고춧가루와 굵은 소금, 이걸 한 자리에 모아놓고 잘 섞기만 하면 고추장 담그기 끝!

숨 쉬는
양념 만들기 7

◆ 전통 고추장 10분 만에 담그기

준비물(한 되짜리 꿀 병 하나를 채울 양): 쌀조청(투명한 물엿이 아닌 검붉은 100% 쌀조청) 1컵 반, 청주 1컵 반, 메줏가루(또는 청국장가루) 1컵~1컵 반, 고운 고춧가루 3컵(고운 고춧가루가 없으면 김치용 고춧가루를 2~3시간 펼쳐 바삭하게 말린 뒤, 체에 쳐서 고운 가루만 모으거나 믹서에 간다), 굵은 소금 두어 줌, 매실효소차 원액 1컵.

1) 그릇에 청주를 따른 뒤, 여기에 쌀조청을 넣고 저으며 푼다(103쪽, 쌀조청 만드는 법에서 설명했듯이 엿물이 졸아들어 쌀알만한 거품이 일어나면 고추장조청이고 여기서 더 졸아 조개만한 거품이 일어나면 저장성 있는 쌀조청이 된다. 쌀조청은 좀 되기 때문에 끓인 물을 부어 묽게 해야 한다. 물 대신 곡주를 넣으면 고추장이 상하는 것을 막아 주어 좋다).

2) 1)에 청국장가루를 고운체에 쳐서 넣으며 젓는다.

3) 2)에 고춧가루를 고운체에 치면서 넣는다.

4) 잘 저으면서 소금을 넣고 간을 본다. 오래 저장할 게 아니니 조금 싱겁게 해도 좋다. 다만 굵은 소금이 쉽게 녹지 않으니 잘 저은 뒤 간을 본다. 여기까지 하면 고추장 담그기는 끝. 시간을 재어보니 10분 걸렸다.

5) 물기 없는 유리병에 담아 아구리에 천을 씌운다. 이걸 서늘하고 공기가 통하는 곳에 일주일 두어 바람을 쐰다. 그 뒤 뚜껑을 닫아 냉장고에 한 달 정도 숙성시킨 뒤 먹는다.

10분 만에 담근 즉석고추장.

*Tip 처음 고추장을 담그는 독자를 위한 조언

병에 담기 전에 4)의 상태로 반나절 가만 놔둔다. 그러면 가루들이 붙고 소금이 녹으면서 재료가
잘 어우러진다. 그 다음 다시 잘 저으며 농도와 간을 맞추는 게 좋다. 이 때 되직하다 싶으면 매실
효소차 원액을 넣는다. 즉석에서 만드니 아무래도 곰삭은 맛이 나기 어렵다. 고추장과 어울리는 발
효식품인 매실효소차의 도움을 받자.

*Tip 바싹 마른 고추장, 햇고추장처럼 만드는 방법

청주나 소주를 부어 며칠 재운 뒤 잘 저어 준다.

∞ 집에 있는 양념으로 만드는 고추소스!

고추장을 좀 더 쉽게 담그는 길은 없을까? 즉석고추장 만드는 법은 정식으로 전통 고추장 만드는 법을 간추린 것이다. 쌀조청을 끓이는 대신 만들어 놓은 쌀조청을 곡주로 묽게 풀어서 메줏가루와 고춧가루를 넣고 담근다. 10분 만에 뚝딱 할 수 있지만 재료를 따로 준비하지 않으면 어렵다. 메줏가루(청국장가루), 쌀조청, 곡주는 집에 늘 있지 않으니까. 그렇다면 웬만한 집에 다 있는 양념으로 전통 방식이 아니더라도 고추소스를 담그는 길은 없을까? 그동안 여기저기서 들은 풍월을 한데 모아 머릿속에서 퍼즐 조각을 하나하나 꿰맞추었다. 어느 순간, '이거다!' 싶다.

된장, 꿀이나 매실효소차, 소금, 고춧가루. 이 정도는 어느 집에나 있는 양념이리라. 외국에서라도 쉽게 구할 수 있는 양념이다. 부랴부랴 냉장고에서 고운 고춧가루를 찾으니 겨우 50g뿐이다. 이게 없으면 보통 고춧가루를 고운체에 쳐서 고운 가루만 따로 모아도 되지만 실험이니까 요만큼만 담가 보기로 했다.

쉽게 갈 거니까 손으로 저을 것도 없이 믹서를 꺼냈다. 먼저 된장을 네 숟갈 넣고 곱게 갈았다. 된장은 메줏가루 대신 고소한 맛 담당이다. 여기에 고춧가루를 넣었다. 그리고 꿀과 매실효소차를 15g씩 모두 30g 부으니 농도가 맞는다. 꿀과 매실효소차는 쌀조청 대신 단맛 담당이다. 믹서를 살짝 돌렸더니 빛깔이 아주 고운 고추소스가 되었다. 간을 보니 약간 슴슴해 소금을 조금 넣었다.

다시 한 번 간을 보니 매콤하고 달콤하고 고소하며 짭짤한 '고추소스'다. 어느 집에나 다 있는 양념으로 즉석에서 드르륵 만든 고추소스. 고춧가루 50g으로 500g들이 작은 병 하나를 채웠다. 전통 고추장은 아니지만 고추장 대용으로 쌈장이나 무침, 비빔에 두루 쓸 수 있다. 발효식품인 매실효소차와 된장이 들어가 바로 먹어도 좋다. 물론 이 방법은 전통의 방법은 아니지만, 식구들 입맛에 맞게 단맛, 매운맛, 간을 조절할 수 있는 내 손맛의 양념이다. 되도록 우리 집 양념을 내 손으로 만들려는 노력. 그게 가장 중요한 게 아닐까!

숨 쉬는
양념 만들기 8

◆ **고추장 대용으로 쓸 수 있는 고추소스**

준비물 : 고운 고춧가루 50g, 된장 200g, 꿀 15g, 매실효소차 15g.

1) 믹서에 된장을 넣고 곱게 간다.

2) 곱게 갈린 된장에 고춧가루와 꿀, 매실효소차를 넣고 다시 한 번 믹서를 돌리면서 농
   도를 맞춘다.

3) 농도가 맞으면 간을 보고 싱거우면 소금을 조금 넣는다.

4) 병에 담아 냉장고에 넣고 먹는다.

집에 있는 재료만으로 만든 고추소스(맨 앞).

밥상을
꽃피워 주는
식초

∞ 뭘 식초까지 집에서 담가?

이번에는 식초, 집에서 손수 담그는 자연발효식초에 대해 이야기하려고 한다. 식초를 담가 보니, 이게 생각보다 어려운 일이 아니었다. 매실효소차를 담그는 정성이라면 충분히 담글 수 있으리라. 오히려 매실효소차보다 식초가 더욱 손쉽다. 유리병 하나만 있으면 별다른 시설이 없어도 가정에서 담가 먹을 수 있으니까. '그래도 그렇지, 뭘 식초까지 집에서 담가?' 하시는 분들을 위해 우리가 그동안 먹었던 식초에 관해 잠시 이야기하지 않을 수 없다.

감식초(왼쪽)와 오디식초.

아는 만큼
건강해진다7 식초

내 기억에 어릴 때부터 그러니까 1960년대부터 식초는 사다 먹었다. 이 식초에는 크게 두 가지가 있다. 하나는 빙초산(아세트산)을 물에 타서 만드는 합성식초. 그리고 빙초산이 몸에 안 좋다며 새롭게 등장한 양조식초. 빙초산은 화학물질로 사람 몸에 안 좋다고 꺼리지만, 시장에서 사 먹는 회 초장, 회 무침에는 빙초산이 안 들어갈 수가 없다고 한다. 물엿처럼 산뜻하고 물이 나오지 않으면서도 신맛을 낸다니 살짝 쓴단다.

1980년대 등장한 양조식초는 빙초산으로 만든 합성식초를 밀어냈고, 지금 가정에서 가장 흔하게 먹는 양념식초가 되었다. 원재료는 '액상포도당(옥수수 100%), 정제수, 주정, 구연산, 옥수수가루, 효모추출물'이다. 한마디로 주정(속성알코올)에 물을 타고 구연산을 넣어 초산발효시킨 것이 양조식초다. 소주를 빚는 주정을 초산발효시켰으니 별맛이 없을 건 뻔하다. 맛을 내기 위해 인공감미료를 넣었단다.

액상포도당은 수입 옥수수를 화학처리하여 얻은 가공품이니 액상과당과 다를 게 없으리라. 그러므로 양조식초를 먹으면 수입 옥수수를 먹는 거다. 시중가는 1.8ℓ에 1,720원, 15ℓ 대용량은 8,080원으로 생수 값에 맞먹는다. 이보다 조금 더 비싼 사과식초(과실양조식초)는 1.8ℓ에 2,800원이다. 사과식초의 원료는 '주정, 농축사과즙 5.03%(중국산 사과 99.5%), 정제포도당, 올리고당'이다. 한마디로 주정이 주원료인 양조식초에 농축사과즙을 첨가한 식초라는 걸 알 수 있다. 진짜 사과발효식초라면 사과가 100%여야 한다.

◆ 술과 식초는 한 형제

이 양조식초는 공장에서 만들어지는 것이다. 그렇다면 그 전에는 식초가 없었을까? 아니다. 우리나라에서는 쌀로 막걸리를 빚고 그걸로 식초를 만들어 먹었다. 1924년에 나온 신식요리책인 『조선무쌍요리제법』을 보면 맨 앞장이 밥, 다음이 장, 그리고 세 번째가 초다. 부엌 아궁이에 초두루미라고 목이 긴 병이 있었고, 거기에 막걸리를 부어 식초를 만들어 먹었단다. 어떤 일이 있었기에 오늘날 이런 식초가 사라졌을까?

식초를 알려면 술부터 알아야 한다. 식초의 역사는 술의 역사와 같기 때문이다. 자연발효로 술을 빚다가 자칫하면 술이 시어지게 되는데 그게 식초의 원조다. 포도를 으깨 자연발효시킬 때, 20℃ 아래 서늘한 곳에 두면 와인이 되고, 25℃를 넘기면 초산발효해 식초가 되는 것도 같은 원리다. 그래서 자연발효식초의 가짓수는 그 나라 술의 가짓수와 비슷하다. 포도주를 마시는 남유럽에는 포도식초(와인비네거, 발사믹식초), 맥주를 마시는 영국이나 독일에는 맥아식초, 쌀로 술을 빚는 우리나라와 일본에는 쌀식초, 사과가 풍부한 미국에는 사과식초가 있다. 이렇게 전 세계에 존재하는 자연식초는 4천여 가지나 된다고 한다.

우리나라에서 가장 인기 있는 술은 소주다. 지난해 우리나라의 성인 한 명이 소주를 81병 마셨다는 통계가 나왔다. 우리가 흔히 사 먹는 초록색 유리병에 담긴 소주는 알코올 99%인 주정에 물을 탄 '희석식 소주'다. 한글로 '소주' 그러니 본디 소주(燒酎)와 같은 말 같지만, 한자가 다르다. 희석식 소주는 '주'자가 물수 변의 소주(燒酒). 식품업계의 상술은 알면 알수록 이리 놀랍다. 곡주를 증류한 증류주는 보통 고급술이 아니다. 조선시대라면 양반이나 마실 수 있을까. 이 소주와 같은 이름을 붙인 화학식 소주. 부르는 이름이 같아 본 주인을 몰아내고 이제는 자기가 소주의 대명사인 양 굴지만 실제 내용은 전혀 다른 술이다.

알코올에 물을 타는 희석식 술은 제2차 세계대전 때 러시아가 군인을 위해 만들기 시작했다. 우리나라에서는 박정희 정권 때 쌀로 술을 빚는 걸 금지하면서 퍼지기 시작했다. 한 도에 한 곳만 허가를 내주고, 주원료인 주정을 전국에 딱 한 곳에서만 만들게 하고……. 그 덕에 정부는 주세를 안정적으로 거둬들이게 되었다. 박정희 정권을 지내며 모내기 새참으로 막걸리를 먹던 일꾼들이 공장노동자가 되어 철야 작업을 하면서 '새벽 쓰린 가슴 위로 찬 소주를' 붓기 시작한 거다.

곡주가 화학식 술로 바뀌었듯 식초 역시 제2차 세계대전 후에 공장에서 나오는 식초로 바뀌었다. 2~3일 안에 식초를 만드는 심부배양법이라는 새로운 기술을 발견하면서다. 전통 쌀식초는 만들기도 어렵고 관리하기도 어려운데, 양조식초는 쉬이 상하지도 않고 값도 싸 금세 시장에 풀리며 부엌에서 술두루미를 몰아냈다.

술이라고 하면 희석식 소주를 떠올리고, 식초라고 하면 슈퍼마켓에 진열되어 있는 플라스틱 병에 담긴 식초를 떠올리는 시대가 되었다. 이렇게 공장에서 만든 걸 먹고 살면 편하긴 하다. 대신 우리 몸은 인류 유전자가 한 번도 듣도 보도 못한 것들을 먹으며 생체 실험 중이다. 당장 눈에 띄는 차이는 없지만 실험이 20년, 30년 동안 이어지면 몸이 버텨 낼까? 밥보다 약을 더 많이 먹게 되어 쌀값보다 약값이 더 나가는 일이 벌어지지 말라는 법이 있을까? 이런 자본주의의 흐름에 맞서 우리 건강을 스스로 지켜나가는 길은 무엇일까?

∞ 자연발효식초로 밥상에 새콤한 꽃을 피우다

양조식초를 사 먹던 때 식초는 꼭 필요할 때 빼고는 잘 안 쓰는 양념이었다. 게다가 꼭 설탕을 함께 썼다. 손수 식초를 담가 먹기 시작하면서는 식초를 즐겨 먹는다. 식초가 향기롭고 맛이 있으니 싱싱한 채소를 곁들이는 요리가 많아진다. 초무침, 샐러드, 초장, 초절임, 냉국……. 손수 담근 장에 곁들인 손수 만든 식초는 화룡점정! 식초가 밥상을 꽃피워 준다. 식초가 단지 양념이 아니라 음료로서 아주 좋다는 것도 알았다.

식초를 담글 때마다 그 매력에 빠진다. 포도식초는 향기로, 앵두식초는 그 발그레함으로 나를 끌어당긴다. 새콤한 과일을 보면 자연스레 '식초를 만들어 볼까' 생각하곤 한다. 기회가 된다면 제주도 토종귤인 하귤로 식초 담그기에 도전할까 한다. 만일 성공한다면 봄나물이 나올 철에 맛있게 익겠지!

감식초 담근 병.

숨 쉬는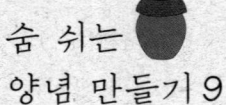
양념 만들기 9

◆ 자연발효식초

준비물 : 과일 5kg 이상. 이게 들어갈 크기의 유리병이나 자기항아리, 베보자기와 고무줄, 온도계.

자연발효식초를 만들려면 먼저 알코올발효를 해야 한다. 알코올발효에 좋은 온도는 15~20℃이다. 보통 열흘이면 1차 알코올발효가 된다. 그 뒤 본 발효인 초산발효를 하는데 초산균이 좋아하는 온도는 27±3℃다. 가정에서는 어둡고 조용한 실내에 두면 좋다. 효소처럼 서늘한 곳에 두어야 하는 게 아니라 상온에 가만두면 되니 훨씬 손쉽다. 그렇더라도 여름 장마철은 피하는 게 좋다.

식초는 과일 외에는 아무것도 들어가지 않고, 열을 가하지도 않는 과일즙 100% 자연발효식품이다. 식초를 만들기 좋은 과일은 포도와 감. 포도는 스스로 알코올발효를 해서 좋고, 감은 타닌이 들어 있어 잘 상하지 않아서 좋다. 여기서는 포도식초 담그기를 중심으로 설명해 보겠다. 『자연달력 제철밥상』에는 감식초 담그는 법이 자세히 나와 있다. 참고하길 바란다.

1) 깨끗이 씻어 말린 유리병에 자연발효식초를 조금 넣어 고루 묻힌다. 소독도 할 겸 그릇에 초산균을 입히는 것이다. 한 번 식초를 담근 병에는 초산균이 남아 있으니, 식초 전용으로 삼으면 좋다. 모든 발효 식품이 그렇듯, 발효 과정에서 물기가 들어가면 잡균이 생겨 상할 수 있으니 조심한다.

2) 물기를 없앤 과일을 통째로 으깨서 유리병에 담는다. 발효하면서 부글부글 끓어오를 수 있으니, 내용물이 그릇의 2/3를 넘지 않게 담는다. 이물질은 들어가지 않고 공기는 통할 수 있도록 유리병 아구리에 베보자기(없으면 못 입는 내복)를 씌우고 고무줄

로 잘 여민다.

3) 발효가 시작되어 포도가 위로 뜨기 시작하면 2~3일에 한 번 살살 흔들어준다. 그러지 않으면 발효과정에서 맨 위에 막이 생겨 발효균이 숨 쉬는 걸 방해할 수 있다. 살살 흔들어 주면 부글부글 거품(이산화탄소)이 올라와 터지고 신선한 산소가 들어간다.

4) 구리로 된 10원짜리 동전을 베보자기 위에 얹어 둔다. 동전이 파르스름하게 녹슬면 초산발효가 다 된 것이다. 겨울에는 서너 달, 여름에는 한두 달 걸린다.

5) 책을 보면 알코올발효가 끝나고 초산발효가 시작될 때 재료를 거르라는데, 가정에서는 알코올발효에서 초산발효로 넘어가는 시점을 찾기 쉽지 않다. 그래서 나는 초산발효가 다 되도록 놔두었다가 거른다. 스테인리스 통을 놓고 그 위에 베보자기를 입힌

10월 말 포도를 으깨 식초 항아리에 담았다.

발효 중인 포도 식초.

이듬해 봄에 그 포도가 잘 삭아 식초가 되었다.

자연발효식초는 식초고정(저온살균)을 해야 한다.

바구니를 얹고 내용물을 쏟아 하룻밤을 놔두며 아래 떨어지는 맑은 물만 받는다. 만일 식초 위에 막이 끼었다면 초산발효가 잘되었다는 증거다.

6) 통에 담긴 맑은 물이 바로 식초다. 그런데 자연발효식초는 자연발효를 했기에 우리가 원하는 초산균만 있는 게 아니라 온갖 잡균도 섞였다. 그래서 잡균만 죽이고 초산균은 살리는 저온살균이 필요하다. 저온살균은 60~65°C에서 30분, 78°C에서 5분, 두 가지 가운데 하나를 원칙으로 한다. 이 저온살균을 식초고정이라고도 한다. 온도계로 온도를 보면서 불을 댕기면 된다.

어렵게 느껴지는가. 실제 해보면 별거 아니다. 온도가 올라가면 뭐가 부글부글 떠오른다. 이게 바로 잡균. 60~64°C를 벗어나지 않게 불을 유지하면서, 곁에 지키고 서서 이 잡균을 걷어 내고 걷어내다 보면 더 이상 잡균이 떠오르지 않는 순간이 온다. 그때까지 살균한다. 불을 끄고 식히면, 과일즙 100% 순수 자연발효식초가 탄생한다.

자연발효식초가 있으면 맛난 요리가 탄생한다. 포도식초로 드레싱을 한 샐러드.

*Tip 발효가 잘되려면

포도나 감은 자연발효가 잘되어 아무것도 넣지 않아도 식초가 된다. 하지만 포도와 감이 아닌 과일로 식초를 담근다면, 알코올발효가 끝나고 초산발효로 넘어가는 시점인 열흘 정도 뒤에 자연발효식초를 1~2컵 부어 주는 게 좋다.

*Tip 효소차 + 자연발효식초

효소차를 물에 타서 마실 때 자연발효식초를 함께 타서 마시면 단맛도 엷어지고 상쾌한 맛이 난다. 시중에 파는 식초음료는 식초에 단맛을 섞어서 판다. 효소차와 자연발효식초를 섞어서 마시면 자연산 건강음료가 된다.

*Tip 당도를 높이려면

과일의 당도가 낮으면 설탕을 넣어 당도를 올릴 수도 있다. 설탕의 양은 과일 양의 10%를 넘지 말아야 한다.

숨 쉬는
양념 만들기 10

◆ 자연발효식초로 만드는 토마토소스

텔레비전 없이 산 게 10년이 넘었다. 어쩌다 텔레비전을 얻어 볼 일이 있으면 가장 재미있는 게 광고다. 반짝반짝 빛나는 아이디어의 화면들. 세상이 발전하니 덩달아 우리도 발전한다. 요즘은 인터넷으로 텔레비전 드라마도 본다. 한번은 이탈리아 음식·요리사들 이야기를 보는데, 자꾸 파스타가 나오니 먹고 싶다. 점심 당번인 작은 애한테, "파스타 해줘!"

산골에서 무슨 파스타? 할지 모르지만 우리 집에서 파스타는 그리 어려운 요리가 아니다. 우리 요리 실력이 좋아서 그런 게 아니라 토마토소스 만들어 놓은 게 있으니 면만 삶으면 파스타 완성이다. 한여름 뜨거운 햇살을 받고 자라는 토마토. 이 토마토를 넉넉하게 길러 토마토소스를 만들어 1년 양념을 장만한다.

내가 만든 토마토소스는 국적이 없는 엉터리다. 하지만 맛있는 걸! 스파게티도 하고, 샐러드드레싱으로도 쓰고, 심지어 달걀오믈렛 위에 얹어서도 먹는다. 또 소면을 삶아 거기에 비벼 먹어도 맛있다. 이탈리아에서 넘어와 내 집으로 귀화한 토마토소스. 만드는 법을 여기 소개한다.

준비물 : 완숙토마토 10알, 토마토의 1/4∼1/5 분량으로 여러 가지 채소(마늘, 당근, 양파, 양배추, 브로콜리, 죽순, 아스파라거스, 표고버섯 등). 새콤달콤한 맛을 내주는 양념(쌀조청, 자연발효식초, 소금), 향신료(조선 향신료인 마늘, 건통고추, 통후추. 그밖에 서양 향신료가 있으면 넣고 없으면 말고). 소스를 걸쭉하게 할 전분이나 감자 2알.

1) 완숙토마토를 곱게 갈고, 여러 가지 채소는 잘게 다지거나 성기게 간다. 다지면 씹는

싱싱한 토마토.

토마토를 곱게 간다.

맛이 있고, 갈면 토마토케첩처럼 된다. 채소와 버섯은 그때그때 형편에 따라 있으면 넣고 없으면 빼도 좋지만, 마늘, 양파, 당근은 넣어 주면 좋다.

2) 1)의 재료를 밑이 두터운 냄비에 넣고 뭉근하게 푹 삶는다. 그러면 처음에는 거품이 올라오다가 거품이 걷히면서 재료가 익는다.

3) 재료가 어느 정도 익으면 향신료를 스테인리스망에 넣어 우린다.

4) 향신료 냄새가 배면 쌀조청, 자연발효식초, 소금을 넣어 새콤달콤하게 맛을 조절한다.

5) 마지막으로 강판에 간 감자를 넣어 소스를 걸쭉하게 만든다. 감자 대신 전분을 넣으려면 2)의 푹 익은 토마토 물을 덜어서 식혔다가 전분을 풀어 넣으면 된다.

6) 저장하려면 병조림 법으로 저장한다. 쇠뚜껑이 있는 유리병(주스 병, 잼 병, 스파게티소

토마토를 여러 가지 재료와 함께 삶는다.

완성된 토마토소스.

병조림에 필요한 도구들.

입을 즐겁게하는 토마토소스.

토마토소스를 뿌린 여름채소샐러드.

스 병 등)과 뚜껑을 찬물에 넣고 가열한다. 푹 삶다가 펄펄 끓으면 병을 꺼내 뜨겁게 끓인 토마토소스를 넣고 뚜껑을 꼭 닫는다. 뚜껑이 아래로 가게 엎어 다시 물에 10 분 정도 삶은 뒤 뚜껑을 아래로 가게 한 채 24시간을 두면 몇 년이 지나도 신선하게 먹을 수 있다.

더운 여름에 불 앞에서 이걸 할 때는 힘들지만, 나중에 맛난 토마토소스가 담긴 병을 하나씩 열어 먹을 때는 얼마나 달콤한지 모른다(병조림 법에 관한 좀 더 자세한 설명은 『자연달력 제철밥상』에).

*Tip 건통고추 양념

말린 붉은 고추인 건통고추도 양념으로 추천하고 싶다. 고춧가루가 매운 맛을 내는데 견주어 건통 고추는 국물 요리에 향기와 감칠맛을 더해 준다. 닭볶음탕을 할 때 이 건통고추로 맛을 내보라. 조 리할 때 넣었다가 나중에 밥상에 낼 때는 빼도 좋다.

건통고추.

세계적 발효식품,
구수한 청국장의 맛

사람들을 만나면 청국장 칭송이 자자하다. 청국장을 만들어 먹어 보니 나 역시 청국장을 사랑한다. 우리 몸에 좋고 또 좋다는 청국장. 청국장은 사흘 만에 발효시켜 먹을 수 있는 신선한 콩 발효식품이다. 볏짚에 들어 있는 자연균들 가운데 청국장을 만드는 균을 고초(bacillus)균이라고 한다. 고초균에서 '고초'는 마른 풀이란 뜻으로 마른 풀에 들어 있는 유효균이 고초균이다. 우리나라에서는 마른 볏짚에 이 균이 많이 들어 있어 청국장을 띄울 때 볏짚을 박아 넣는다.

뭐든지 철이 없어진 지금은 청국장찌개도 1년 사철 팔지만, 아무래도 청국장의 제철은 가을에 콩을 거두어들여 메주를 끓이는 11월부터 이듬해 설까지다.

이름은 청국(靑國)장이지만 원래는 만주 지방에서 살던 우리 선조들의 음식이란다. 이 청국장이 가까운 일본으로 가서 낫토가 되었다. 일본은 우리나라처럼 구들이 발

발효가 잘된 청국장에는 끈적끈적한 실이 일어난다.

달하지 않아 눈 속에 파묻어 만든다. 따뜻한 아랫목에서 띄우는 우리나라 청국장과 일본의 낫토는 발효균은 조금 다르지만 콩 즉석발효식품인 건 같다.

이 청국장이 중국에서는 두시, 인도네시아로 가서는 바나나 잎에 싸서 발효시킨 템페, 태국의 토-아나오, 부탄의 리비잇빠, 네팔의 키네마를 지나, 인도의 스자체를 거쳐 저기 멀고도 먼 서아프리카 사바나 지역까지 가서 다와다와로 바뀌었다. 지금처럼 국제화가 뭔지 모르던 시절에도 우리 몸에 좋은 콩 발효식품은 세계로 뻗어 나갔다.

냄새는 비록 고약하지만 한번 맛들이면 빠져나올 수 없는 콩 발효식품 청국장. 이 맛을 내 손으로 만들어 보자.

숨 쉬는
양념 만들기11

◆ 청국장

1. 압력솥에 콩 삶기

청국장은 메주 끓이듯 가마솥에 푹 끓인 게 가장 맛있다. 하지만 가정에서 해먹기 편하게 압력솥을 이용해 삶는 방법을 소개하겠다.

준비물 : 콩 3컵, 물 4컵, 압력솥(10인분용).

1) 메주콩 3컵에 물을 4컵 넣고 하룻밤 푹 불린다. 콩이 웬만큼 불고 나면 물이 콩보다 아래에 있기 쉽다. 중간에 뒤적여 고루 불도록 해준다.

2) 압력솥에 삶는 방법은 말 그대로 삶는 법과 찌는 법이 있다.

2-1) 콩 삶는 건 간단하지만 물과 불을 맞추지 않으면 콩이 눌어붙거나 콩물이 다 끓어 넘치기 쉽다. 콩과 물의 비율을 3:4로 잘 맞추고, 삶을 때 된장을 한 숟갈 넣어야 끓어 넘치는 걸 막을 수 있다. 처음 끓기 시작할 때까지는 중불, 끓고 나서는 약한 불로 줄이고 다시 10분. 콩이 익은 내가 나기 시작하면 불을 끄고 자연스레 김이 빠질 때까지 뜸을 들인다.

2-2) 콩을 찌려면 압력솥에 찜 걸개를 걸고 그 위에 불린 메주콩을 올린다. 솥에 콩이 불고 남은 물(약 1.5컵)을 붓고, 뚜껑을 닫고 불에 올린다. 압력솥이 칙칙칙 소리를 내기 시작하면 불을 약하게 하고 30분을 찐다. 30분 뒤, 콩이 익은 냄새가 나면 불을 끄고 압력이 다 빠지기를 기다린다. 압력이 다 빠지면 뚜껑을 연다. 바닥에 남은 콩 찐 물은 된장에 부어 주면 좋다.

된장 한 술을 넣고 청국장 콩을 삶으면 끓어 넘치지 않는다.

2. 청국장 발효

청국장을 발효시키는 방법은 두 가지가 있다. 첫 번째는 공기를 통하게 하는 호기성 발효. 호기성 발효는 냄새가 강하게 나는 전통의 방식이다. 두 번째는 혐기성 발효. 이 혐기성 발효는 냄새가 적게 나는 일본 방식이다.

호기성 발효

준비물 : 볏짚, 소쿠리(볏짚으로 만든 둥구미가 가장 좋지만, 대소쿠리, 스텐채반도 괜찮다), 베보자기, 따뜻한 온도와 온도계.

볏짚을 구할 수 없으면 고초, 즉 마른풀이나 낙엽으로 띄울 수도 있지만 볏짚 대용

청국장에 쓸 볏짚을 알맞은 크기로 자르는데 이때 낟알 이 달렸던 윗부분은 버린다.

볏짚동구미에 앉힌 청국장이 잘 떴다.

으로 청국장가루를 한 숟갈 뿌리는 게 위험 부담이 없다. 미국 유기농 매장에서는 볏짚을 판다는데 우리나라 생협에서도 유기농 볏짚을 팔면 좋겠다.

1) 삶은 콩을 40℃ 아래로 식힌다.

2) 볏짚동구미나 소쿠리 위에 베보자기를 깔고, 식힌 콩을 얹고 사이사이 볏짚을 끼운 다음,

2) 따뜻한 아랫목이나 전기매트에 놓고 이불을 푹 덮어 따뜻하게 해서 발효한다. 온도는 36~42℃ 사이로 맞춘다. 이틀이 지나면 뜨는 냄새가 고릿하게 나기 시작한다.

48시간을 재운 뒤 보면, 맨 위 거죽은 좀 말랐지만, 속은 미끈거리고, 한 숟갈 뜨면 거 미줄 같은 실이 일어난다.

혐기성 발효

준비물:볏짚, 소쿠리, 스티로폼 상자.

1) 삶은 콩을 40℃ 어름으로 식힌 뒤, 소쿠리에 앉히고 볏짚을 꽂는 것까지는 같다.

2) 그다음에 이걸 스티로폼 상자에 넣고, 스티로폼 상자 뚜껑을 꼭 닫고 그 틈새를 테이

프로 밀봉한다. 스티로폼 상자를 따뜻한 곳에 놓고 사흘 밤을 재우면, 콩이 발효하면서 나는 자체 열로 청국장이 뜬다.

콩을 발효시킨 생청국장은 밀폐용기에 담아 냉장보관 한다. 청국장은 발효식품이니 익히지 않고 그대로 먹는 게 좋다. 찌개용 청국장은 이 생청국장을 절구에 넣고 곱게 빻은 뒤, 고춧가루와 소금을 넣고 양념한 것이 시장에서 파는 청국장은 이렇게 양념한 청국장이 대부분이고 생청국장은 '나토'라 이름 붙여서 판다. 집에서 내가 만들어 냉장고에 넣어 두고 먹으면 신선한 생청국장을 먹을 수 있다.

청국장에 사과와 양파를 썰어 넣고 샐러드하듯 버무리면 청국장샐러드, 청국장에 찬밥을 넣고 버터를 손톱만큼 넣어 곱게 갈면 콩크림치즈. 쌈장 만들 때 된장·고추장·청국장을 1:1:1로 섞으면 감칠맛 나면서도 청국장의 냄새를 확 잡아 주는 쌈장을 만들 수 있다.

청국장을 밀폐용기에 담아 냉장실에 넣어 두면 열흘에서 보름까지 보관할 수 있다. 처음 신선할 때(냉장고에서 5~7일)는 생청국장으로 먹다가 그 다음은 찌개를 끓여 먹으면 된다. 그 이상 보관하려면 한 번 먹을 만큼씩 주먹밥처럼 만들어 랩에 싸서 냉동실에 보관, 먹을 때 꺼내서 녹여 먹는다.

찐 콩을 스티로폼 상자에서 발효시킨다.

살아 있는
밥상 9 🍚

◆ 청국장샐러드

금방 띄운 신선한 생청국장을 익혀 먹기가 아까워 샐러드를 만들어 보았다. 어찌나 맛이 좋던지 식당 샐러드 바에 이런 샐러드가 있으면 얼마나 좋을까 상상했다. 그동안 이것저것 넣고 샐러드를 만들어 보니 생청국장과 가장 잘 어울리는 재료는 사과. 청국장이 겨울음식이듯 겨울에 먹는 과일인 사과와 궁합이 잘 맞더라.

준비물 : 생청국장 1컵, 사과 1개, 양파 1/2개, 샐러드드레싱(자연발효식초 1큰 술, 매실효소차 1큰술, 저염간장).

1) 샐러드드레싱을 먼저 만든다. 자연발효식초, 매실효소차, 저염간장을 기본으로 하고, 그때그때 과일즙이 있으면 그걸 넣는다. 씹는 맛을 위해 견과류를 넣어도 좋은데 청국장과 어울리는 견과류는 날땅콩을 성기게 빻은 것과 통으로 볶은 들깨. 국내산 견과류로 그리 비싸지 않고 구하기도 어렵지 않으니 가을걷이철에 한꺼번에 마련해 놓으면 1년이 풍요롭다.

2) 사과, 양파를 먹기 좋게 자른다. 여기에 야콘, 마, 매실장아찌, 입맛에 따라 마늘종장아찌, 배춧잎 같은 푸른 채소를 더 넣어도 좋다.

3) 2)에 샐러드드레싱을 얹는다.

청국장드레싱을 얹은 샐러드.

호박 살을 얹은 청국장샐러드. 팥빙수 같다.

살아 있는
밥상10 🍚

◆ 신 김장 김치에 든 무를 넣은 청국장찌개

설을 쇠고 온 친구가 아침 점심을 설음식으로 먹고 난 뒤 저녁에 청국장을 끓여 먹
었더니 모두 좋아하더란다. 청국장은 냄새는 별로지만 맛도 좋고, 먹고 나면 소화도
잘되니 설 뒤끝에 좋은 음식이겠다. 청국장을 먹지 않는 집안에서 자란 나는 처음에
는 그 냄새가 낯설었지만, 그 맛을 알고 나니 지금은 그 냄새마저 좋다.
하지만 아무리 해도 내가 끓인 청국장은 맛이 없었다. 그러다 김장 김치에 넣은 무
섞박지를 넣고 끓이면 맛있다는 걸 알았다. 마침 김장 항아리에 무를 잔뜩 집어넣었
던 참이라, 새콤하게 신 무 섞박지를 넉넉히 넣고 끓여 보았다. 청국장이 그렇게 시원
할 수가⋯⋯. 한 뚝배기 끓였는데, 바닥까지 싹싹 쓸어 먹었다.

무 섞박지 청국장찌개.

준비물:국물 재료로 멸치 한 움큼, 다시마 3~4조각, 말린 표고버섯 2개, 건더기 재료는 김장 김치에 넣었던 무 섞박지 3~4조각, 무 한 토막, 청국장, 대파, 날콩가루나 두부, 마지막으로 뚝배기.

1) 뜨물 3컵에 멸치 한 움큼과 다시마 3~4조각, 말린 표고버섯 2개를 넣고 재료를 불린다.

2) 1)의 재료를 뚝배기에 넣고 80℃에서 뚝배기 뚜껑을 열은 채 은근히 국물을 우린다.

3) 무 섞박지 조각 3~4개를 납작납작 먹기 좋게 썰어 넣는다. 생무 한 토막도 연필 깎듯이 돌려 깎아서 넣고, 끓인다.

4) 무가 익으면 날콩가루를 2숟갈 풀거나, 두부 5~6조각을 썰어 넣는다.

5) 두부가 익으면 청국장 3~4숟갈을 되직하게 풀고, 어슷어슷 썬 대파를 얹고 뚝배기 뚜껑을 닫고 불을 끈다. 그러면 뚝배기의 남은 열이 청국장을 한소끔 끓여 준다. 청국장은 콩 발효식품이라 푹 익히는 것보다 마지막에 넣어 한소끔 끓여 먹는 게 좋다.

쑥스럽게 내보이는
김치 양념

'김치' 하면 우리나라 주부들은 다 할 이야기가 있으리라. 처음 담갔던 무용담부터 성공신화, 그 사이에 있었던 실패 역사까지……. 주부만이 아니라 우리나라 사람이라면 누구나 어머니 김치와 맛있는 김치열전 등 처음 만난 사이에도 김치 이야기가 막히지 않고 흐른다. 그만큼 김치는 우리와 가까운 먹을거리다.

김치에 관해서는 연구소, 전문가, 장인에 이르기까지 많은 이들의 이야기가 있어 내가 끼어들 틈이 있을까? 하지만 편집진이 양념 이야기를 쓰면서 김치 양념을 빠뜨릴 수 없단다. 쑥스럽지만 김치 양념 이야기를 정리해 볼까 한다.

먼저 나는 평안북도 내륙지방에서 살다 서울로 온 부모님 아래에서 태어나 자랐다. 친정 엄마를 생각하면 늘 김치 생각이 난다. 우리 친정에 김치가 떨어진 적은 없었다. 김치는, 땅 설고 물 선 서울 땅에서 식구들을 위해 엄마가 베풀 수 있는 사랑이

금방 담근 열무김치.

맛 좋은 오이소박이 한 접시.

아니었을까?

이렇게 열심히 김치를 담그셨지만, 김치 가짓수는 몇 가지 안 된다. 파김치, 갓김치 같은 별미김치는 없다. 겨울에는 배추김치와 동치미, 가끔 깍두기와 알타리김치. 여름에는 열무김치와 오이소박이. 또 무슨 날이면 나박김치가 등장하기도 했다.

그 내림을 받아 나 역시 담그는 김치 가짓수가 많지 않고 젓갈을 별로 안 쓴다. 귀농한 뒤 네 식구가 아구아구 먹다 보니 김치가 떨어지지 않게 하기도 바쁘다. 손수 농사지은 걸로 김치를 담가 보니 오이와 부추가 끝나 가고, 김장거리를 솎아 김치 담그기에는 아직 이른 8월 말에서 9월 초가 김치 보릿고개더라.

우리 집 김치 양념은 특별한 게 없다. 고춧가루, 마늘, 생강. 파도 있으면 넣고, 없으면 부추나 달래로 대체하기도 한다. 여기에 풀국 정도. 젓갈은 꼭 필요할 때에만 손수 담근 멸치젓을 조금 쓴다. 새우젓은 아직 담그질 못해서, 가끔 사서 있으면 넣고 없으면 못 넣는다. 그래도 내 입에 우리 집 김치는 맛있다. 손수 농사지은 거라서 더 그러겠지만, 좀 어설프게 담갔을 때에도 맛있게 먹는다.

숨 쉬는 양념 만들기 12

◆ 김치 양념 (+김장 배추김치 담그기)

1. 배추 절이기

1) 배추김치를 담그려면 먼저 배추를 잘 절여야 한다. 김장 배추는 영하와 영상을 오가는 추운 마당에서 열댓 시간 절이고 다시 그 이상 물기를 빼서 담근다. 봄배추는 물러서 오랫동안 두고 먹기에 마땅치 않은 대신 5~6시간 절이고 그만큼 물기를 빼서 담근다. 봄배추 김치는 오래 두고 먹기 마땅치 않고 찌개용으로도 마땅치 않다. 오래 두고 먹으면서 김치찌개나 김칫국, 김치찜을 하는 데에는 가을배추로 담그는 김장 김치가 제격이다.

어떤 배추를 쓰든 통배추 김치로 담그려면 소금물 한 양푼이 필요하다. 소금물 농도는 바닷물처럼 짭짤하다 싶은 정도(소금과 물의 비율 약 1:5)가 알맞고, 배추를 전부 샤워시킬 정도의 양이 있어야 한다.

배추 절이기.

2) 배추를 반이나 1/4로 가른 뒤, 줄기 쪽을 아래로 해 소금물에 푹 담그는데, 두어 차례 들락날락하며 배추 줄기에 골고루 소금물이 배도록 해야 한다. 꺼낸 다음, 배춧잎을 두세 잎 제치며 줄기 부분에 소금을 켜켜이 뿌리면 배추 줄기와 배추 이파리가 조화롭게 절여진다(배추 줄기에 뿌리는 소금의 양은 소금물에 들어간 소금의 1/2).

3) 다 절였으면 깨끗한 물에 씻어 차곡차곡 엎어 물기를 뺀다. 배추 줄기가 부드럽게 구부렸다 펴지는 정도로 절여지고, 이파리를 먹어 보아 짭짤하면 간이 맞는 거다. 이때 줄기는 심심한 상태다. 모든 음식이 그렇지만 싱거운 건 고칠 수 있어도 짠 건 고치기 어렵다. 좀 덜 절여졌다 싶은 게 좋다.

4) 배추를 절이면서 따로 모은 겉잎을 배추 건져낸 소금물에 절여 우거지를 많이 확보한다. 김치 위에 덮을 우거지가 많으면, 김치를 싱싱하게 보관할 수 있고 김치를 다 먹고 난 뒤 그 우거지로 된장국을 끓여 먹을 수 있다

2. 김치 버무리기 하루 전– 김치 맛낼 국물 준비

1) 다시마 국물로 김칫국물 내기

배추김치 역시 국물이 맛있어야 김치 맛도 좋더라. 국물 맛을 내기 위해 여러 가지 방법이 있겠지만 산골에서 언제나 쉽게 할 수 있는 방법은 다시마 국물이다. 다시마를 물에 불린 뒤 뭉근한 불(약 80℃ 정도)에서 20~30분 달인 뒤 다시마를 건져 낸다. 건진 다시마가 식으면 곱게 채를 썰어 김장 소에 섞어 넣는다. 이때 말린 멸치와 말린 보리새우를 함께 넣어도 좋은데, 이렇게 뭐가 많이 들어간 김치는 오래 보관하기보다 겨우내 다 먹는 게 좋다.

2) 찹쌀 풀국 쑤기

찹쌀로 풀국을 쑨다. 찹쌀을 5~6시간 물에 불린 뒤, 불은 찹쌀의 7배 분량으로 물을 넣고 놀놀하게 풀을 쑤면 된다. 형태가 남은 밥알도 김치를 버무려 놓으면 다 풀어진다. 다시마 국물로 찹쌀 풀국을 쑤어도 좋다. 오래 두고 먹을 묵은지 양념에는 풀국을

김치 버무리기 하루 전 양념.

넣지 않거나 넣더라도 조금만 넣는 게 좋다. 풀국이 들어가면 감칠맛이 있어 맛은 좋지만 빨리 무르기 때문이다.

3) 다시마 국물과 풀국이 식으면 거기에 고춧가루 1/3 정도를 풀어 넣는다. 이렇게 미리 고춧가루를 풀어 넣으면 빛깔을 맞추기 좋다.

4) 마늘, 생강을 까놓는다.

5) 다른 부재료인 무, 쪽파, 갓을 씻어 물기를 빼놓는다.

3. 김치 버무리는 날- 간 맞추기

1) 무를 채 썬다. 채를 썰고 남은 무동강이는 따로 모아 둔다.

2) 쪽파, 갓을 먹기 좋게 썬다.

3) 마늘, 생강을 곱게 다져서 어제 고춧가루를 풀어 넣은 풀국에 넣고 섞는다.

4) 다 썬 무채에 고춧가루 1/3 정도를 넣고 빨갛게 버무린다. 무가 처음으로 고춧가루를 입으면 물러지지 않는다.

5) 고춧가루로 물든 무채 위에 풀국(마늘과 생강이 섞인), 다시마 국물, 젓갈을 붓고 버무린다. 여기에 갓과 쪽파를 넣고, 색깔을 봐서 나머지 고춧가루를 더 넣고 소금 간을 해 마무리한다.

모든 재료를 넣고 완성한 김치 양념.　　　　　　　　　　　　　　　김치 버무리기.

*Tip 김치 간 맞추기

김장 김치의 간은 맞출 때, 금방 먹을 김장 김치는 젓갈:소금의 비율이 1:1에서 시작한다. 두고 먹을 기간이 길어지는 만큼 소금의 비율을 높이는데, 묵은지는 소금을 중심으로 간을 하고 입맛에 따라 새우젓을 조금 섞는다.

6) 이렇게 완성한 양념을 물기가 쪽 빠진 절인 배추 줄기 사이에 켜켜이 넣는다. 다 버무린 김치는 겉잎으로 잘 여민 뒤 항아리에 담는데 이때 무동강이를 중간 중간 넣는다. 무동강이는 김치 양념에 슬쩍 버무린 다음 자기 간이 될 만큼의 소금과 고춧가루를 뿌리고 넣는다. 항아리의 70%까지 담고 그 위에 우거지를 한 켜 덮어 주고 우거지 위에 천일염을 뿌린다.

*Tip 김치 담그고 난 뒤

김치를 다 담그고 2~3일 뒤에 국물이 적당한지 본다. 국물이 우거지에까지 자작자작하게 올라와야 김치 맛이 좋다. 이때 국물이 모자란다 싶으면 다시마 우린 물을 식힌 뒤 소금을 심심하게 타서 웃물로 부어 준다. 간을 보아 김치가 짜면 무를 조각내 김치 사이사이에 더 박아 넣어 간을 맞춘다.

*Tip 김치 양념 활용

김치 양념은 아주 요긴한 양념이다. 하지만 한 번 만들기 쉽지 않으니 김치 담글 때 양념을 넉넉히 만들어 남겨 두면 좋다. 이때 다시마 국물, 풀국, 마늘, 생강, 젓갈, 고춧가루까지만 넣은 양념을 남겨야 한다. 무채나 쪽파, 갓 같은 채소가 든 양념은 쉽게 시어진다. 이 김치 양념이 있으면 겉절이, 어리굴젓, 무생채, 깻잎절임, 채소무침 같은 요리를 금방 뚝딱 만들어 낼 수 있다.

새싹 위에 김치 양념만 얹으면 맛좋은 요리가 된다.

∞ 초여름 기운이 담긴 열무김치

농사짓다 보면 어떻게 사는 게 자연스러운 삶인지 엿보일 때가 있다. 무 한 가지만 해도 그렇다. 무는 덥지도 춥지도 않은 서늘한 기운을 좋아해 봄가을에 잘 자란다. 날이 찬 겨울에는 뿌리 식품이 몸에 좋다. 가을에 자라는 김장 무는 뿌리가 잘 자라고, 이 무를 먹으며 우리는 추운 겨울을 이긴다. 푸른 이파리는 몸을 차게 하니 무청을 말려서 시래기로 만들어서 먹는다.

날이 더운 여름에는 시원한 이파리가 몸에 좋다. 봄에 자라 여름에 먹는 무는 뿌리보다는 푸른 이파리가 잘 자란다. 여름에 먹는 무. 이게 바로 열무다. 열무는 무와 한 집안이지만 무와 달리 뿌리가 발달하지 않고 잎이 발달한 '연한 무'다. 김장 무는 석 달 동안 찬찬히 자라 겨우내 싱싱하게 먹을 수 있지만, 열무는 한 달도 채 안 되어 다 자라서 그런지 힘이 없다. 소금에 절이면 속절없이 줄어든다.

열무는 후딱 자라니 봄가을 여러 차례 키울 수는 있는데, 5월 늦봄에 심어 6월 초여름에 뽑아 담근 열무김치가 가장 맛있다. 마침 이때가 햇감자, 햇양파와 마늘이 나오는 때. 햇감자를 으깨 풀국을 대신할 수도 있다. 햇양파와 풋마늘을 썰어 넣고 담근 열무김치는 초여름의 기운을 담고 있지 않은가! 시원한 열무김치를 먹으며 여름을 이길 힘을 얻자.

뿌리보다 잎이 더 잘 자라는 열무.

살아 있는
밥상11 🍚

◆ **열무김치**

준비물 : 열무 2단, 햇양파 1~2개, 풋마늘 2개, 천일염, 건통고추 한 줌, 우리 밀가루 1/2컵, 날콩가루 2큰 술.

1) 열무를 다듬어 깨끗이 씻는다. 열무는 연해서 잘 상하고 비비면 풋내가 나니 되도록 손을 타지 않도록 물에 살랑살랑 흔들며 가만가만 씻는 게 좋다.

2) 소금물(소금과 물 1:5)에 열무를 담그고 맨 위에 소금 한 줌을 흩뿌려 준다. 30분 정도 지나면 뒤집어서 고루 절여지도록 한다. 열무 숨이 죽으면 깨끗한 물에 한 번 살살 흔들어 씻어 체에 밭쳐 놓는다. 마지막에 먹기 좋게 썬다.

3) 풀국을 쑨다. 겨울에 먹는 배추김치에는 찹쌀 풀이 좋다면, 여름에 먹는 김치에는 밀가루+날콩가루 풀이 어울린다. 볼에 물 1컵을 넣고 밀가루와 날콩가루를 개어 놓는다. 냄비에 맹물을 1컵 넣고 먼저 끓이다가 물이 팔팔 끓으면 물에 갠 밀가루를 넣고 약한 불에 5분 정도 끓이면서 저어 준다.

4) 건통고추를 물에 씻으며 물을 머금게 한 뒤 돌확(돌로 만든 조그만 절구)에 으깨거나 커

절인 열무.

풀국에 홍고추 갈은 것을 푼다.

터기에 넣고 성기게 간다. 그러면 고추가 먹기 좋게 으깨져 김치가 감칠맛이 난다. 오래 두고 먹는 김장 김치는 고춧가루로 담그지만, 그때그때 먹는 김치는 이렇게 건통고추를 으깨서 넣어 먹으면 고추의 영양과 맛이 더욱 산다.

5) 풀에 고추 간 것과 천일염을 넣고 간을 맞춘다. 풀국이 슴슴하면 된 거다. 어떤 요리책에는 꽃소금을 넣으라고 하는데, 꽃소금은 정제소금으로 흰 설탕과 마찬가지로 몸에 좋지 않다. 맑은 바다에서 생산된 천일염을 구해 간수를 빼서 쓰면 맛도 좋고 그 어느 가공소금보다 믿을 수 있지 않은가. 고운 소금을 원하면 천일염을 곱게 빻아서 쓰면 된다.

6) 햇양파와 풋마늘을 먹기 좋게 썬다. 김치 양념으로 설탕이나 심지어 인공감미료를 넣기도 하는데, 햇양파를 넉넉히 넣으면 양파에서 자연의 단맛이 은은하게 우러나오니 그런 것 없어도 맛있다.

7) 양념이 된 풀국 5)에 2)의 열무를 넣고, 6)의 양파, 풋마늘도 넣어 살살 뒤적이듯 양념을 한다. 김치통에 담아 국물이 자작자작 배도록 누른 다음, 웃소금을 조금 뿌린 뒤 하룻밤 서늘한 데 놓았다가 맛이 들면 냉장고에 넣고 먹는다.

*Tip 열무물김치

물김치로 담그려면 풀국을 쑬 때 김칫물을 아예 다 잡아서 연하게 쑤고 그걸 식힌다. 이때는 열무를 절이지 않고 썰어서 그대로 넣어도 좋다.

완성한 열무김치.

살아 있는
밥상12 🍚

◆ **막 담가서 바로 먹는 무물김치 '싱건지'**

살충제를 뿌리지 않고 무농사를 짓다 보면 미끈하게 잘 빠진 무만 나오는 게 아니다. 이런저런 고생을 해 쓸 데가 없어 보이는 못생긴 무도 나온다. 그런데 이 무가 맛있는 물김치가 될 수 있다. 마을 어른들은 '싱건지'라고 하시는데, 막 담가 바로 먹는 무물김치다. 그런데도 맛이 기가 막히게 좋다. 가을 김장 무가 달아서 그러리라.

준비물 : 자잘한 동치미 무를 무청까지 통째로 7~8개. 대파 역시 뿌리부터 이파리까지 통째로 2~3뿌리, 마늘 4~5쪽, 생강 1~2쪽, 생수 1병, 고춧가루와 천일염 조금.

1) 금방 뽑아서 싱싱한 무를 머리부터 꼬리까지 통째로 깨끗이 씻는다. 무는 껍질에도 영양이 있으니 껍질을 벗기지 말고 수세미로 문질러 닦는다.

2) 대파 역시 이맘때 권장하고 싶은 제철식품. 대파를 넉넉히 마련해 놓고 음식에 듬뿍듬뿍 넣어 드시길. 뿌리부터 이파리까지 통째로 깨끗이 씻는다.

3) 무에 십자로 칼집을 넣고 통째로 김치 단지에 담는다. 대파 역시 통째로 넣는다. 마늘과 생강은 얇게 저며 넣는다.

   *대파는 흰 뿌리 부분이 향이 좋고 맛도 깊다. 푸른 잎 부분은 진이 나올 수 있으니 가려서 쓴다. 음식 마무리 단계에 대파를 뿌리면 마치 요정가루를 뿌린 듯 정성이 얹어진다.

4) 생수에 천일염을 슴슴하게 푼다. 여기에 고춧가루를 한 숟갈 푼 다음 잠시 가라앉힌다.

5) 4)를 고운체에 밭쳐 3)의 김치 단지에 붓는다.

6) 서늘하고 그늘진 곳에 김치 단지를 놓고 2~3일쯤 재워 맛이 들면 간을 본다. 금방 먹을 김치이므로 좀 싱거운 듯해도 좋다.

싱건지.

김치말이국수.

*Tip 김칫국물로 냉면을

김장 김치나 동치미, 또 별거 들어가지 않은 이 싱건지가 맛이 들면 유산균이 살아 숨 쉬는 새콤
시원한 김치가 된다. 이 김칫국물은 따로 먹지 못하면 버리고 만다. 아까워라! 동치미국물에 메밀
국수를 말아 먹으면 시원한 김칫국물냉면이 되고 김칫국물에 밀국수를 말아 먹으면 김치말이국
수가 된다.

1) 무를 꺼내 납작납작하게 썬다.

2) 김칫국물을 떠내 여기에 잣과 깨소금을 한 움큼씩 넣고 곱게 간다. 이렇게 간단하게
   해도 고소하고 시원한 국물이 된다.

3) 냉면 사리를 삶아 찬물에 씻는다. 2)의 국물에 냉면을 넣고 입맛에 따라 자연발효식
   초, 효소차, 겨자, 참기름을 더 넣고 말아서 드셔 보라.

   본디 냉면은 밀농사를 짓지 못해 국수가 귀한 북한 땅에서, 가을에 메밀을 거두어 한
   가한 겨울에 면을 뽑아, 무로 담근 김칫국물에 말아 먹은 음식이다.

나물1.
맛있는 양념이 있으면
나물도 맛있어

제사가 없는 집에서 자란 나는 결혼 뒤 시댁 제사 문화가 낯설어 오랫동안 애를 먹었다. 다른 일도 아닌 제사는 조심스러워, 해마다 지내도 일머리를 꿰찰 수가 없었다. 그러다 제사 준비에 내 자리가 생겼으니 나물 무치기다. 시골 살다 보니 이른 봄냉이부터 시작해 철철이 자연이 주시는 먹을거리인 나물을 사랑하지 않을 수 없더라. 아침이면 그날그날 싱싱한 나물 반찬 한두 가지가 없으면 밥상을 제대로 차린 거 같지 않다. 이렇듯 나물 무치는 게 손에 익어서리라.

대대로 농사지으시는 시댁은 나물 반찬을 즐긴다. 어머니는 농사 틈틈이 이런저런 나물거리를 푸짐하게 마련해 놓으신다. 손수 농사지으신 참깨로 참기름도 갓 짜놓으시고 깨소금도 새로 볶아 놓으시니 이걸 조물조물 무치는 손길이 흥겹다.

제사 나물을 모아
큰 양푼에 비빔밥을 해먹는다.

나는 제사 나물이 참 좋다. 양념을 여러 가지 넣지 않고 간장으로 간하고 참기름, 깨소금만 넣은 나물. 이 나물들은 자기주장이 강하지 않고 서로 잘 어울린다. 제사를 마치면 큰 양푼에 이 나물을 넣고 제삿밥을 비벼 온 식구가 나눠 먹는데, 평소 나물을 잘 안 먹던 아이들도 이 제삿밥만큼은 아주 맛나게 먹으며 자란다.

∞ 채소를 완전식품으로 만드는 나물 요리법

나물을 조물조물 무쳐 먹을 때면 이 훌륭한 요리법을 세계인과 나누고프다. 한국의 '김치'는 널리 알려져 있지만, 나물 요리법은 별로 주목받지 못한다. 세계인 처지에서 보면 발효식품인 김치는 따라 하기 쉽지 않지만, 나물 요리는 어느 나라든지 그곳에서 많이 나는 나물거리와 그곳 양념으로 응용할 수 있지 않을까?

나물은 채소의 잎과 줄기, 뿌리만이 아니라 나무의 순, 산이나 들 그리고 바다에서 자라는 풀까지 그 어떤 재료로도 단순하고 감칠맛 나게 조리할 수 있는 요리다. 나물에는 무채나물처럼 날것을 소금에 절인 뒤 양념에 무치는 생나물도 있고, 들기름에 볶거나 들깨를 갈아 자작자작하게 국물 있게 만드는 볶음나물 요리법도 있다. 하지만 나물의 대표주자는 나물거리를 물에 살짝 데쳐 숨을 죽인 뒤, 물기를 꼭 짜 먹기 좋게 손질한 다음, 간장(때로는 된장이나 고추장)으로 간하고 참기름과 깨소금을 넣고 조물조물 무치는 무침나물이다.

이 나물 요리법이 얼마나 우리 몸에 좋은 요리법인지 한번 생각해 보자. 채소를 날로 먹는 샐러드. 이 샐러드는 채소를 싱싱하게 먹는다는 장점이 있지만, 대신 한 접시를 먹어도 실제 먹는 채소 양은 얼마 안 된다. 우리나라 나물 요리하듯 살짝 데쳐 보라. 한 줌도 안 되는걸.

또, 채소를 날로 먹으면 싱싱하고 아삭거려 좋지만 다양하게 먹기 어렵다. 우리나라 나물 요리법은 쓴 나물도 우려서 요리하고, 약간 독성이 있는 남새도 소금물에 데쳐

우려내 사람이 먹을 수 있게 길들여서 먹는다. 어린 아이부터 나이 든 노인까지 누구나 먹을 수 있으며, 콩나물처럼 날로 먹을 수 없는 채소까지 맛나게 먹을 수 있다. 마지막으로 날채소를 많이 먹으면 몸이 차진다. 샐러드는 더운 여름에는 몰라도 추운 겨울에는 권장할 만한 요리법이 아니다.

채소를 골고루 듬뿍 먹을 수 있게 하면서, 콩이 주원료인 발효식품 장류로 간을 하고, 여기에 참기름이나 들기름 한 방울, 고소한 견과류인 깨소금으로 마무리를 해 채소를 완전식품으로 만들어 주는 나물 요리법. 대량 사육하는 육식보다는 유기농 신토불이 채소를 권장하는 참살이 정신에 맞는 요리법으로 나물만한 게 또 있을까!

∞ 맛있는 나물의 삼박자

우리가 사는 지구별이 땅이나 바위로 이루어진 무생물일까? 명상을 하는 분들은 우리 지구를 의식을 가진 존재로 보며, '가이아 여신'이라 한다. 우리 민족도 땅을 어머니로 생각하고 땅을 존중해 왔다. 그 지구별을 지금 우리들이 몹시 괴롭히고 있으니 지구별이 가만있지 않고 꿈틀해도 할 말이 없지 않은가!

21세기에 접어들어 많은 이들이 명상이나 기도를 하면서 자신을 바꾸려는 노력을 하고 있다. 지구는 우리 인간을 기른 어머니이기에 인간의 마음이 지구에게 전해진다고 믿기 때문이다. 초록별 지구를 위해서 전쟁이 아닌 평화가, 대량사육의 육식이 아닌 산과 들에서 돋아나는 풀을 먹는 채식의 물결이 소중한 때다.

세계요리책 경연대회에서 대상을 받은 책이 구리하라 하루미의 『전하고 싶은 일본의 맛』이란다. 그 책에서 첫 번째 요리가 뭘까? '오히타시', 바로 나물 요리법이다. 채소를 데쳐서 일본식 양념인 가다랑어 국물이나 맛간장에 담가 먹는 반찬이다. 인터넷으로 찾아보니 동양만 아니라 독일과 스페인에도 나물 반찬이 있다고 한다. 있기는 하겠지만 우리나라처럼 늘, 그리고 온갖 재료로 나물을 해먹는 나라가 있을까?

우리에게 나물은 너무 흔해 그 소중함을 모를 뿐 아니라 점점 밥상에서 밀려나는 데……. 나물의 소중함을 알고 하루 한 가지라도 나물을 맛나게 무쳐 먹자.

단순해서 그런가, 나물이야말로 손맛이 중요한데 손맛이란 게 뭘까? 일단 자주 해먹어 손에 익어야 한다. 두 번째, 신선한 재료로 한 끼 먹을 만큼씩 해서 즉석에서 다 먹어 버리면 좋다. 콩나물도 무치면서 먹는 맛하고 상에서 먹는 맛하고 다르지 않은가. 기름으로 무치거나 볶은 나물이라면 더욱 신선할 때 먹는 게 좋다.

세 번째, 양념이 맛을 좌우한다. 양념의 중요함이 다시 한 번 그 빛을 보는 순간이다. 양념 가운데 나물의 감칠맛을 좌우하는 건 장맛이다. 나물은 조선간장으로 무쳐야 맛있는데, 이 조선간장에 자연의 감칠맛을 더한 저염간장을 만들어 두면 나물 맛을 손쉽게 살릴 수 있다. 또, 같은 나물이라도 간장만이 아니라 소금, 된장, 고추장, 때로는 어간장(액젓)으로 바꿔서 무쳐 보면 맛이 색다르다. 참기름이나 들기름도 공장에서 화학용매를 넣어 분해한 기름이 아닌 동네 방앗간에서 재래식으로 짜낸 기름으로, 깨소금도 참깨를 볶아 준비해 놓으면 좋다.

냉이나물과 취나물.

∞ 하나를 알면 열을 할 수 있는 생나물 조리법

생나물은 싱싱한 제철나물을 날로 무쳐 먹는 조리법이다. 날로 먹기에 싱싱하고 대
부분 새콤달콤한 맛이다. 서양식 샐러드는 생채소 위에 샐러드드레싱을 뿌려 내지
만, 나물은 간을 해서 무쳐 낸다. 보통은 소금에 절였다가 무치는데 그러다 보니 하
루 이틀은 보관할 수 있다. 양념은 고춧가루나 고추장, 파, 마늘을 많이 쓴다. 생나물
조리법 하나를 알면 다른 나물에 응용할 수 있다.

'영차' 하고 무를 드는 아이. 무로 맛있는 나물을 만들어 보자.

살아 있는
밥상13 🍚

◆ 새콤달콤한 무생채

생나물의 대명사는 무생채가 아닐까.

무생채는 무가 맛있으면 어떻게 해도 맛있다. 무가 맛있으려면 가을 김장 무가 최고다. 가을부터 봄까지 싱싱한 맛이 그리우면 실컷 해먹자.

준비물:무, 양념(소금, 고운 고춧가루, 식초, 효소차), 파, 마늘.

*젓갈을 좋아하면 소금 대신 넣어도 된다. 생나물은 재료의 싱싱함과 새콤달콤한 맛이 중요하다.

1) 무는 겉껍질에 영양가가 많으니 껍질을 까지 말고 수세미로 문질러 씻는다.

2) 요리하기 바로 전에 무채를 썬다.

3-1) 생생하게 먹고 싶으면 밥상에 내기 직전에 무쳐서 낸다. 한 끼 먹을 만큼만. 이때 김장 김치 양념 만들 듯, 볼에 무채를 넣고 먼저 고춧가루를 넣은 뒤 볼을 들었다 났다 하면서 고춧가루를 고루 입힌다. 그다음 나머지 양념인 소금, 젓갈, 식초, 효소차, 파, 마늘을 넣고 무채를 적게 건드리는 기분으로 살살 무친다.

3-2) 두고 먹을 거라면 무채를 소금에 살짝 절여 중간에 한 번 뒤집어 고루 절게 한 다음, 숨이 죽으면 꼭 짜서 양념을 넣고 무친다. 무채가 절여지는 시간은 20~30분.

4) 홍시 살만 발라내 위에 얹으면 화려한 요리로 변신한다.

*Tip 김치 양념으로 생나물을

생나물을 무칠 때 김치 양념이 있으면 순식간에 감칠맛 나게 무칠 수 있다. 김치 양념에만 의존하지 말고 무채를 먼저 고춧가루에 무친 뒤, 김치 양념을 넣고 맛을 보아 다른 양념을 더 넣으면 좋다. 이런 생채 조리법은 노각무침, 오이무침, 쑥갓무침, 상추무침 등 싱싱한 채소라면 어디에도 사용하기 좋다.

홍시를 넣어 새콤달콤한 무생채(무홍시채).

고소한 무생채.

◆ 고소한 무생채

새콤달콤한 무생채도 좋지만, 한 가지만 자주 해먹으면 질린다. 이럴 때 변화를 주는 고소한 무생채. 아이들도 좋아한다.

준비물:무, 양념(소금, 고운 고춧가루, 참기름, 깨소금).

1), 2) 는 앞의 무생채와 같다.

3) 무채를 소금에 고루 절인다.

4) 무가 숨이 죽으면 무를 꼭 짠 다음 고춧가루를 넣어 물을 들인 뒤, 참기름과 깨소금으로 버무린다. 이때 고춧가루는 입자가 고운 걸 써야 조금 넣고도 예쁘게 물들일 수 있다.

*Tip 고운 고춧가루?

고운 고춧가루는 고추장용 고춧가루. 따로 없으면 김치용 고춧가루를 체에 쳐서 모아도 되고, 볕 좋은 날 굵은 고춧가루를 1~2시간 말린 뒤 믹서에 갈아서 조금 마련해 놓고 쓰면 좋다.

살아 있는
밥상14 🍚

◆ **도라지생채**

1. 도라지 손질

도라지는 우리한테 고향을 느끼게 해주는 나물이다. 길을 지나다 도라지꽃을 보면 친정 식구를 만난 듯 반갑다. 도라지는 가을에 꽃대가 지고 난 다음에 캐거나 봄에 아직 싹이 올라오지 않았을 때 캐서 먹을 수 있다.

껍질 있는 성성한 도라지라면 도라지 껍질부터 까야 한다. 과일칼로 도라지 머리(뇌두) 부분을 잘라 내고, 겉을 돌리며 슬슬 긁으면 껍질이 벗겨진다. 이때 너무 자잘한 뿌리는 따로 모아 말렸다가 나중에 닭을 삶거나 약차를 끓일 때 쓰면 좋다. 껍질이 벗겨진 도라지를 반으로 갈라 나무 도마 위에 눕혀 놓고 나무방망이로 두드리면 결대로 갈라진다. 먹기 좋게 쪽쪽 찢어 놓는다.

도라지에는 사포닌 성분이 들어 있어 쓴맛이 있다. 5월에 캐낸 어린 도라지는 맛이 약해 그대로 먹어도 되지만, 이른 봄이나 가을에 캐낸 도라지는 쓴맛이 강하다. 그래서 약이

밭에서 캔 도라지.

나무절구로 도라지를 찧어 다듬는다.

되기도 하는데, 나물로 먹으려면 쓴맛을 좀 빼는 게 좋다. 손질한 도라지를 굵은 소금을 한 줌 뿌려 박박 문지른 뒤 물을 자작자작 부어 쓴맛을 뺀다. 쌉쌀한 맛을 좋아하면 10분 정도, 쓴맛을 싫어하면 2~3시간 정도. 너무 오래 물에 담가 두면 맛과 향이 다 빠져나갈 수 있다. 과정이 귀찮은 대신, 이렇게 해야 도라지의 참맛을 볼 수 있다. 시장에서 손질해 파는 도라지는 진정한 도라지의 맛이 안 난다.

2. 도라지생채 무치기

준비물 : 손질된 도라지, 고추장, 고춧가루, 자연식초, 효소차나 꿀 또는 조청, (마늘, 달래나 쪽파).

1) 소금물에서 꺼낸 도라지를 체에 밭쳐 물기를 뺀다. 도라지에 약간의 밑간이 됐으니 그걸 계산해 양념해야 한다.

2) 도라지 양념장을 만든다. 고춧가루와 고추장, 이 두 가지 가운데 하나를 중심으로 하거나, 둘 다 섞어 쓰거나 한다. 양념 그릇에 고추장과 고춧가루, 자연식초를 넣은 뒤 간을 본다. 도라지는 단맛이 조금 강한 게 좋으니 꿀이나 조청을 조금 더 넣는다.

3) 볼에 도라지를 넣고 양념장과 다진 마늘을 넣어 조물조물 무친 뒤, 달래(쪽파)를 넣는다.

4) 접시에 담아낼 때 통깨를 솔솔 뿌려 마무리한다.

양념과 도라지를 버무린다.

도라지생채 완성.

∞ 무침나물로 나물의 기본 익히기

무침나물은 우리나라 나물 요리법의 대표주자다. 손에 익으면 간단하게 조리할 수 있다. 살짝 데쳐서 양념에 조물조물 무치면 되니까. 하지만 손에 익기까지 공이 든다. 특히 적당히 데치기가. '적당히'는 정말 여러 번 해봐야 아는데 아래 나물 재료마다 내 경험을 정리해 보았다.

먼저 나물을 데칠 때는 재료에 견주어 크다 싶은 냄비에, 재료가 수영을 해도 될 만큼 물을 넉넉히 넣고 끓인다. 그래야 전체열기로 순간 고루 데칠 수 있다.

전에는 끓는 물에 나물을 데친 뒤 찬물에 넣어 한 번 씻곤 했다. 한데 이웃이 데치기 전에 깨끗이 씻었다면 데친 뒤 따로 물에 씻지 않고 펼쳐 저절로 식히면 좋다고 알려 주었다. 실제 해보니 정말 그렇더라. 다만 시금치나 취나물 같은 나물은 빨리 식혀야 푸른빛이 잘 난다. 색이 고운 나물은 바람이 통하는 곳에서 자주 뒤적거려 빨리 식힌다.

데칠 때는 맹물을 먼저 팔팔 끓인 뒤, 소금을 한 움큼 넣고 그 다음에 나물거리를 넣어 데치는 게 순서다. 독성분이 있는 고사리, 도라지 같은 나물거리는 꼭 소금물로 데쳐야 한다.

나물을 무칠 때 먼저 간장(또는 된장이나 고추장)을 넣고 조물조물 간부터 고루 배게 한 뒤 나머지 양념을 넣고 무치면 좋다. 우리나라 음식은 밑간이 중요하기 때문이다. 말이 나온 김에 간하는 이야기를 좀 더 해보자. 무침나물처럼 익은 재료인 경우는 간부터 한다. 하지만 미역국이나 감자찌개라면 재료인 미역이나 감자가 익은 뒤 밑간을 하고, 간이 배면 나머지 양념을 넣는다.

나물의 기본기인 무침나물 조리법을 실전을 통해 알아보자. 먼저 간장으로 간을 하는 시금치나물, 된장으로 간을 하는 냉이된장나물, 고추장으로 간을 하는 고춧잎나물, 그리고 한 가지 더 냉국식 가지나물. 이렇게 네 가지 조리법을 알면 한 가지 나물도 이리저리 무칠 수 있고, 나물거리에 따라 맞는 양념을 찾을 수 있다.

살아 있는
밥상15 🍚

◆ 시금치나물

한 엄마는 아이들이 나물을 그다지 좋아하지 않는다며 그나마 아이들이 먹는 건 콩나물, 시금치나물이란다. 시금치는 밭에서 뽑으면 그때부터 맛이 떨어지는 정도가 크다. 시금치를 살 때는 되도록 싱싱한 걸 사서 바로 해먹자. 시금치는 가을에 씨를 뿌려 푸른 잎이 난 채로 겨울을 나면서 얼어 죽지 않으려고 온몸의 당도를 높인다. 맹물보다 설탕물의 빙점이 낮은 원리다. 밭에서 겨울눈과 바람을 맞은 노지 시금치는 달다. 이걸 먹자.
미국 만화 뽀빠이가 떠오르는 시금치. 그 시금치를 데친 나물은 누구나 다 잘하는 나물이지만 한 번 살펴보자.

시금치는 겨울을 나면서 달아진다.

준비물 : 시금치 한 단, 저염간장, 참기름, 깨소금, 고춧가루, (파, 마늘).

1) 시금치는 뿌리와 줄기 사이에 붉은 부분이 있다. 여기까지 남기고 다듬는다.

2) 맹물을 팔팔 끓이다 깨끗이 씻은 시금치를 줄기부터 넣고 한 번 굴린 뒤 숨이 죽으면 꺼내 채에 건져 뒤적이며 식힌다. 이렇게 데쳐진 시금치 가운데 줄기가 두꺼운 건 먹기 좋게 가른다.

3) 시금치 손질이 다 끝나면 물기를 가볍게 짠 다음, 식구들이 먹기 좋게 썬 뒤 다시 한 번 가볍게 짠다.

4) 시금치를 볼에 담고 간장을 두르고 먼저 밑간을 한 다음, 참기름과 깨소금을 넣고 고루 무친다. 제사 나물이 아닌 경우 시금치는 겨울에 먹는 나물이니 고춧가루를 조금 넣는다. 입맛에 따라 파, 마늘을 넣어도 좋고 안 넣어도 좋다.

시금치나물.

살아 있는
밥상16

◆ 냉이된장무침

냉이는 가을에 싹이 나 추운 겨울에 땅 속에 뿌리를 깊게 내리는 봄나물이다. 겨울을 난 냉이는 이파리는 볼품없지만 뿌리가 굵고 향이 강하다. 그 냉이 향기가 겨우내 잠자던 우리 몸을 일깨워 준단다. 이른 봄에 많이 먹으면 먹을수록 좋은 나물거리다. 냉이나물은 간장, 고추장무침도 좋지만 된장무침이 가장 어울린다.

냉이는 다듬는 게 어렵다. 워낙 잔뿌리가 많아 거기에 들러붙은 흙을 다 빼내는 게 어렵기 때문이다. 냉이를 다듬기에 앞서 물에 10~20분 담가 놓는다. 그러면 흙이 불어 조금이라도 잘 털어진다. 냉이를 다듬을 때 냉이 줄기와 뿌리가 만나는 지점을 잘 훑으면 흙 털기가 좋다. 다듬어 깨끗이 흙을 씻어낸 냉이, 여기까지가 어렵지 그 다음부터 나물 무치는 건 쉽다.

준비물 : 냉이 한 바가지, 된장 1큰 술, 들기름, 들깻가루.

한겨울에 캔 냉이 한 바가지.

생장점 둘레를 잘 손질한다.

1) 맹물을 팔팔 끓이다가 냉이를 넣고 한소끔 끓인다. 냉이는 뿌리부터 줄기까지 생나물로 먹을 수 있으니 숨을 죽이는 정도로 살짝 데쳐도 괜찮다.

2) 데친 냉이를 체에 밭쳐 물기를 빼내고 식힌다.

3) 냉이를 도마에 얹고 먹기 좋게 자른 뒤 짜낸다. 냉이는 물기가 많지 않아 가볍게 짜도 괜찮다.

4) 볼에 3)의 냉이를 담고 된장으로 먼저 조물조물 무쳐 밑간을 한 다음, 들기름과 들깻가루를 넣고 고루 무친다. 냉이는 간이 쉽게 안 배니 꼼꼼하게 조물조물.

냉이된장무침.

살아 있는
밥상17

◆ 고춧잎고추장무침

고춧잎은 초여름에 가장 연하다.

나물 양념으로 간장, 된장을 다루었으니 고추장무침 차례다. 고추장무침에 고춧잎
나물이 어울리는 건 무슨 조화일까? 고추는 그 이파리도 매운 기가 돌아 고추장 양
념과 궁합이 잘 맞는 걸까?

초여름 고추가 자랄 때 곁순을 질러 준 고춧잎이 가장 연하고 맛있다. 그다음에는
늦가을 서리가 오기 전에 고춧잎을 따서 나물로 먹거나 묵나물을 만들어 저장한다.
나물거리 가운데 그 푸른빛이 고춧잎만한 게 드물다. 빤질빤질 윤이 나는 진한 초록
의 이파리는 그만큼 우리 몸에 햇살 에너지를 주리라.

고춧잎을 다듬을 때, 아기 고추가 달려 있어도 괜찮다. 대신 주먹으로 쥐었을 때 억
센 줄기가 있으면 그건 빼낸다.

준비물 : 고춧잎, 고추장, 참기름, 깨소금, 다진 마늘, 양파효소차.

1) 맹물을 끓이다가 다이빙 선수가 몸을 굴리듯, 고춧잎을 넣었다가 금방 꺼낸다. 고춧잎
   은 금방 숨이 죽기 때문이다.

2) 꺼낸 고춧잎을 체에 밭쳐 물기도 빼고 더운 기운도 식힌다.

3) 데쳐진 고춧잎을 두 손 사이에 넣고 공처럼 굴리면서 억센 줄기가 남아 있으면 빼낸다.
   고춧잎은 따로 썰지 않아도 괜찮지만 원한다면 한 번 정도 잘라 준다.

4) 볼에 고추장, 참기름, 깨소금과 다진 마늘을 넣는다. 단맛을 더 넣고 싶으면 양파효소
   차를 조금만 넣어 양념장을 만든다.

5) 양념장이 담긴 볼에 고춧잎을 넣고 흔들며 고루 무친다.

고춧잎고추장무침.

살아 있는 밥상18 🍚

◆ 가지냉국

가지는 참 놀랍다. 줄기, 이파리, 꽃, 열매까지 가짓빛으로 물든다. 안토시아닌계 색소인 가짓빛을 보면, 저걸 먹으면 몸에 참 좋겠다는 생각이 절로 든다. 어려서는 가지가 좋은 줄 모르겠더니 나이가 들면서 가지가 참 맛나다. 한여름 가지가 주렁주렁 열리는 철이 되면 날마다 가지를 따서 먹는다. 오늘은 찜통에 찐 뒤 쪽쪽 찢어 가지나물, 내일은 양파랑 다른 채소랑 함께 가지볶음. 반으로 갈라 구운 뒤 위에 토마토소스를 얹은 가지구이 등. 다양한 가지 요리 가운데 나물 겸 냉국 겸 먹는 가지냉국을 소개한다.

준비물 : 가지 4개, 물 1컵, 잣과 통깨, 저염간장, (마늘, 홍고추), 찜통.

1) 가지를 따서 꼭지(꽃받침)를 따고 반으로 가른다.

2) 찜통에 물 1컵을 넣고 물이 끓으면 가지를 자른 면이 위로 오도록 놓고 뚜껑을 닫고

몸에 좋은 안토시아닌이 듬뿍, 가지.

가지 찐 물은 가지처럼 보라색이다.

찐다. 너무 찌면 흐물거리고 단맛이 다 빠지니 가지를 손가락으로 눌러 어느 정도 들 어가면 다 쪄진 거다.

3) 찌자마자 가지를 꺼내 식힌 뒤 젓가락이나 손으로 쭉쭉 찢는다(깜빡 잊고 뚜껑을 닫은 채 놔두면 계속 익는다).

4) 찜통 아래 빠진 물 역시 식힌다. 물이 식으면 여기에 잣과 통깨와 간장을 넣고 믹서에 곱게 간다. 입맛에 따라 마늘을 넣어도 좋다. 간은 국물이 간간하면 된다.

5) 그릇에 3)의 가지를 담고 4)의 국물을 붓는다. 이때 입맛에 따라 홍고추를 썰어 위에 얹는다.

가지냉국.

나물2.
묵나물 먹으며
겨울나기

우리 민족은 추운 겨울을 나야 하는 한반도에서 살고 있다. 봄부터 가을까지 바지런히 겨울 먹을거리를 저장하지 않으면 안 된다. 봄에 봄나물해서 먹으면서 또 한편에서는 묵나물을 만들어 보관하고, 가을에 가을걷이하면서도 부지런히 겨울에 먹을 것들을 마련해 놓아야 한다. 이렇게 마련한 묵나물은 추운 겨울 눈 덮인 때 효자노릇을 한다. 곶감 빼먹듯 하나하나 빼먹는 재미와 추운 겨울을 날 영양까지.

지금은 겨울에도 비닐집을 치고 불을 때가며 채소를 기르는 세상이라 묵나물을 찾는 손길이 줄었다. 하지만 겨울에는 겨울음식을 먹는 게 몸에 좋다. 한번은 겨울에 손님이 오시면서 오이를 사온 적이 있다. 우리가 그 오이를 먹겠는가? 오이는 더운 여름에 먹는 채소라 추운 겨울에는 당기질 않는다.

여러 가지 묵나물.

그 손님이 가신 뒤 오이를 토끼에게 주었다. 마른 시래기는 좋아하는 토끼가 싱싱한 오이는 안 먹더라. 만일 여름이었다면 잘 먹었을 테지만 겨울에는 토끼도 오이를 안 먹는다. 추운 겨울은 물기 많은 여름채소인 오이가 아닌 물기가 적은 묵나물 철이란 걸 토끼도 아나 보다.

∞ 햇살과 바람을 담은 묵나물

채소를 말렸다가 두고두고 먹는 묵나물. 말리기에는, 무덥고 습도가 높은 한여름이 아닌 봄과 가을이 제때다. 봄에 봄나물이 한창일 때에는 봄나물을, 추석이 지나 무더위가 물러가고 찬바람이 불면서 맑은 날이 이어질 때는 가을 나물을 말리자.

나물 말리기는 처음 이삼일이 중요한데, 맑은 날이 이어질 때 아침 일찍 말린다. 또 햇살만이 아니라 바람도 중요하다. 바람이 위뿐만 아니라 아래로도 통하도록 채반을 바닥에서 띄워 놓는 게 좋다. 자연건조한 나물은 햇살의 기운을 듬뿍 담아 추운 겨울에 먹으면 몸에 좋다.

다 마르면 속이 보이는 밀폐용기나 투명한 비닐봉지에 이중으로 담아 보관해야 눅지 않고 또 찾아 먹기 좋다.

◆ 나물 말리기

봄날, 고사리나물 말리기.

1. 고사리, 취(봄).

끓는 물에 소금을 한 움큼 넣고 데쳐서 바로 널면 더운 수증기가 날아가며 잘 마른다. 고사리나 취는 말리는 첫날이 중요한데, 중간 중간 이리저리 뒤적이며 오모아 주어야 고루 마를 뿐 아니라, 보관하기도 쉽고 나중에 먹기도 좋다. 시골 할머니들 묵나물이 똬리 모양인 건 그래서다. 첫날 어느 정도 앞뒤로 골고루 말린 다음, 바람이 잘 통하는 그늘에서 시나브로 말리면 때깔이 좋다.

2. 애호박, 가지(가을)

더운 기운이 가신 10월 가을볕에 말리면 잘 마르고 햇살을 듬뿍 담아 영양도 좋아진다. 애호박은 싱싱할 때 생으로 납작납작 썰어 볕에 널은 뒤 뒤집어 가며 말린다. 애호박은 나물 가운데 말리기가 참 까다로운 나물거리다. 잘 말리면 빛깔도 하얗게 잘 마르고 맛도 좋은데 마르는 과정에서 비가 오면 금방 곰팡이가 핀다. 그래서 파는 애호박오가리는 건조기에 말린 것일 수밖에 없다. 햇살에 잘 말린 애호박오가리는 귀하디귀한 예술작품이다.

가지 역시 마르다 비가 오면 애를 먹는다. 그래서 생각해 낸 방법이 따서 며칠 그대로 둬 시들거리도록 놔두는 거다. 가지가 시들거리면 그때 먹기 좋게 길쭉길쭉 썰어 말린다.

애호박 말리기.

무청시래기.

3. 무청시래기(가을)

시래기는 무를 거두어 싱싱할 때 바로 엮어 매단다. 시래기는 바람이 잘 통하는 그늘에서 시나브로 말려야 빛깔이 바래지 않고 영양도 좋다.

*Tip 겨울에도 무청 먹는 법

무청을 시래기로 말려서 먹곤 했는데, 김장 김치 우거지로 두둑이 덮었다가 먹기 시작하니 그것도 좋다. 김장 우거지인 무청을 맹물에 담가 짠맛을 우려서 국을 끓이거나 볶아 먹으면 싱싱한 무청 맛을 볼 수 있다.

4. 무말랭이(초겨울)

가을 김장 무를 썰어 말렸다가 김장 김치가 물릴 때 무말랭이를 무쳐서 먹으면 좋다. 무를 길이 3~4cm, 두께 1cm쯤으로 썬다. 소금으로 슬쩍 간해, 무가 숨이 죽으면 널어 말려도 좋다. 무를 말리기 시작하는 때는 해가 짧아져 시나브로 마른다. 처음 무가 싱싱한 2~3일은 밤에도 얼지 않도록 해주고 그 다음 무가 오그라들기 시작한 뒤부터는 볕과 바람에 자연건조하도록 한다.

한 분이 엄마가 눈 맞히며 말렸다는 무말랭이를 주시는데 누렇게 말랐더란다. 보기와 달리 어찌나 달고 맛있는지 집으로 돌아오는 차 안에서 그냥 집어 먹었다고 한다. 자연에서 시나브로 마르는 맛이 뭔지 실감 나는 이야기였다.

무말랭이 말리기.

무말랭이무침.

∞ 묵나물과 볶음나물을 동시에

겨울에 먹는 묵나물은 적당히 불려 잡맛을 잘 우리는 게 중요하다. 또 묵나물을 요리할 때는 미리 멸치와 다시마로 국물을 내 자작자작하게 볶듯이 익힌 뒤 간을 하면 깊은 맛이 산다.

묵나물의 대명사인 시래기나물과 고사리나물 조리법을 살펴보고 그리고 약간 다른 애호박오가리나물 조리법을 살펴보자.

대보름나물.

살아 있는
밥상19

◆ 시래기된장나물

시래기는 다루기 좀 어려운 나물거리다. 무청을 엮어서 말려야 하고, 그걸 다시 물에 푹 삶아 묵나물 맛을 다 우려야 한다. 이런 일을 하면서 시래기를 보면 맛나 보이지는 않는다. 하지만 한겨울 눈이 쌓여 먹을 게 마땅치 않을 때 시래기는 참 요긴한 반찬거리다.

시래기를 좋아하면서도 시래기를 맛나게 하기는 쉽지 않았다. 어느 날, 시래기된장나물을 했는데 온 식구가 바닥까지 먹더라. 이제 내가 뭘 좀 할 수 있구나 싶었다.

준비물 : 시래기, 뚝배기, 된장, 마늘, 들기름, 솔치, 다시마, 쌀뜨물, 대파.

1) 바싹 마른 시래기를 먼저 맹물에 담가 물이 스며들면 그 물에 20~30분쯤 푹 삶는다. 그리고 그대로 하룻밤 불린다.

2) 불린 시래기를 맑은 물이 나오도록 씻어 체에 받쳐 물기를 뺀다.

3) 시래기, 그러니까 무청의 겉껍질을 벗긴다.

치과에 가면 의사가 "시래기 많이 먹지 마세요. 그게 질겨서 이빨에 무리가 많이 가요"라고 한다. 맞다. 시래기를 그냥 해먹으면 질겨서 어금니가 수고를 한다. 이렇게 겉껍질을 벗겨서 해먹으면 부드럽게 잘 씹힌다. 이가 약한 분은 참고하시면 좋겠다.

4) 시래기를 꼭 짜서 먹기 좋게 썬다. 여기에 된장의 1/2을 넣고 먼저 조물조물 밑간을 하고, 다진 마늘, 들기름을 순서대로 넣으면서 무친다. 20~30분 놓아 두어야 간이 배서 맛있다.

5) 뚝배기 바닥에 다시마와 솔치를 깔고 쌀뜨물을 1컵 넣고 다시마를 불린다.

시래기의 겉껍질을 벗기면 한결 부드럽다.

6) 5)의 다시마가 다 불면 그 위에 4)의 시래기를 얹고 불을 켜 끓인다.

7) 마지막에 간을 보아 된장을 조금 더 넣고 대파를 어슷 썰어 얹은 뒤 불을 끈다.

*Tip 시래기된장국으로 활용

이 방법대로 하되, 쌀뜨물을 넉넉히 잡고 끓이면 시래기된장국이 된다.

시래기된장나물.

살아 있는
밥상 20 🍚

◆ 고사리나물(보름나물)

고사리는 묵나물의 대명사다. 대부분 묵나물로 먹지만 산골에 살다 보니 고사리가
제철인 봄에 바로 먹는 것도 별미다. 고사리는 산에서 나는 고기라고 불리는데 그래
서인지 고기나 생선과 잘 어울린다. 하지만 고기가 없어도 멸치 다시마 국물이 있으
면 어느 정도 맛을 낼 수가 있다.

준비물:말린 고사리, 저염간장, 다진 마늘, 들기름, 멸치 다시마 국물.

1) 말린 고사리를 냄비에 담고 물을 자작자작 붓는다. 고사리가 물을 흠뻑 먹으면 파르
   르 끓인 뒤 뚜껑을 덮고 불을 끈다. 그 상태로 하룻밤 재우며 푹 불린다.

2) 불린 고사리를 맑은 물이 나올 때까지 씻고 체에 밭쳐 물기를 쪽 뺀다.

말린 고사리.

3) 먼저 고사리를 간장으로 조물조물 무쳐 간이 배게 한 다음, 들기름을 조금만 넣고 버무린다.

4) 멸치와 다시마 국물을 진하게 우린다.

5) 두터운 팬에 간이 밴 고사리를 넣고 볶듯이 젓는다.

6) 고사리가 열을 받으면 4)의 따뜻한 국물을 서너 숟갈 자작자작하게 넣고 불을 줄여 간이 배도록 익힌다.

7) 고사리가 푹 무르고 맛이 들면 간을 본다. 간이 맞으면 다진 마늘과 들기름을 넣고 마지막에 깨소금을 뿌린다.

*Tip 조리법 활용

이 방법으로 취나물, 뽕잎나물, 다래순나물 같은 묵나물을 하면 된다.

고사리볶음나물.

살아 있는
밥상21

◆ 애호박오가리들깨볶음나물

바위 위에서 일광욕을 하는 호박 고지.

준비물 : 애호박오가리 한 접시거리, 거피한 들깻가루, 간장, 마늘, 건통고추 1~2개.

1) 애호박오가리는 미지근한 물에 10~20분 담가 두면 쉽게 분다. 이렇게 불어난 애호
   박 오가리를 맑은 물이 나오도록 씻어 물기를 뺀다. 한 입 크기로 먹기 좋게 자른다.

2) 멸치와 다시마로 맛국물을 만든다. 이게 없으면 하다못해 뜨물에 다시마라도 불렸다
   가 넣으면 된다.

3) 애호박오가리를 먼저 익혀야 한다. 팬에 애호박오가리와 맛국물 서너 숟갈과 건통고
   추를 같이 넣고 익힌다.

4) 애호박오가리가 익고 맛국물이 반 정도로 졸아들면 간장으로 간을 한다. 간이 배면 다진 마늘, 들기름을 넣고 살짝 볶다가 마지막에 들깻가루를 넣고 불을 끈다.

애호박오가리들깨볶음나물.

*Tip 탕으로도 활용 가능!

이 방법으로 말린 가지나물을 해도 좋다.
국물을 좀 넉넉히 잡거나 들깻가루 대신 들깨를 갈아 그 즙을 넣으면 애호박오가리들깨탕이 된다.

삶을
윤기 나게
우리 들기름,
참기름,
동백기름

'기름'에 관한 이야기를 짧게 해보고자 한다. 환경오염 문제를 공부하면서 먹을거리에 관해 숨겨진 비밀을 하나하나 알아갈 때였다. 누가 식용유를 보고 '농약 엑기스'라고 해 깜짝 놀랐던 적이 있다.

포도식초를 넣은 올리브유.
기름은 우리 삶을 윤택하게 하지만,
무조건 믿고 먹을 수 없다.

아는 만큼 건강해진다8 <u>기름</u>

콩기름, 옥수수기름, 카놀라유, 포도씨유 같은 식용유는 알면 알수록 수상한 먹을거리다. 모두 수입 농산물로 만들어지는데 그 생산 과정이 플랜테이션농사다. 엄청나게 넓은 지역에 한 가지만 기르다 보니 병충해에 약해 농약을 엄청 뿌려댄단다. 게다가 그 대부분이 유전자변형농산물이라는 것도 밝혀졌다.

이 기름들은 재래식 압착유가 아니라 핵산이라는 화학용매를 써서 짜낸 공장 기름이다. 그도 그럴 것이 우리가 콩을 볶아 기름을 짤 수 있는가? 그 콩에서 맑은 기름이 얼마나 퐁퐁 솟아나면 그리 값싸게 팔 수 있을까? 도대체 콩이나 옥수수한테 어떤 일이 일어난 걸까?

참깨는 되도록 직접 볶아 먹는 게 좋다.

진실을 알게 된 뒤 우리 집 부엌에서 식용유를 없애버렸다. 따라서 기름을 쓰는 요리도 줄였다. 어쩌다 튀김을 할 경우나 손님대접용 부침개를 할 때라면 국내산 재료로 짜낸 현미유를 쓰고, 보통은 들기름을 쓴다. 나물 무칠 때, 양념장 만들 때만이 아니라, 부침개 할 때나 야채를 볶을 때도 들기름을 쓴다.

웬만한 동네 떡방앗간에서는 재래식 압착방식으로 들기름을 짠다. 한데 식용유로 쓸 기름은 들깨를 들들 볶아서 짜면 안 좋다. 빛깔과 향이 너무 진해져서다. 우리 동네 방앗간은 들기름 하면, 들들 볶는 들기름밖에 모르기 때문에 들기름을 짜기 전에 꼭 부탁을 한다. "맛없다고, 양이 적게 나왔다고 뭐라 안 할 테니, 200℃ 아래에서 5분 이내로 슬쩍 볶아서, 그러니까 기름이 짜질 정도만 데워서 짜주세요!" 많이 볶으면 기름도 많이 나오고 고소하지만 몸에 안 좋은 성분이 생긴단다.

이렇게 들기름을 짜면 빛깔이 맑아 식용유로 쓸 수 있다. 생협에서는 볶지 않고 쪄서 짜낸 찐 들기름이 있고 시장에서는 생들기름을 구하면 된다. 기름은 되도록 유리병에 넣어 보관하는 게 좋다.

동네 방앗간에서 재래식 압착방식으로 짤 수 있는 기름에는 참기름도 있다. 재래식 압착방식의 참기름과 들기름을 보면 병 아래 앙금이 가라앉아 있다. 이건 화학용매를 쓰지 않고 짜낸 자연산 기름이라는 증거이고 그 성분은 미네랄이다. 먹을 때 병을 위아래로 흔들어서 따라 먹으면 된다.

또, 사람들이 흔히 먹는 기름에 올리브기름이 있다. 올리브기름 가운데 엑스트라버진은 올리브열매를 압착해서 짜낸 것이라고 한다. 지금 우리나라까지 수입되는 엑스트라버진은 공장에서 현대설비로 짜낸 기름이리라. 기회가 되면 꼭 올리브나무가 열리는 지방에 가서 내 손으로 올리브기름을 한 병 짜보고 싶다. 하지만 내가 한 번도 본 적 없는데 소문, 아니 광고만 믿고 올리브기름을 판단할 수는 없겠다. 올리브기름은 냉장고 속에 넣어 두면 굳어 버린다. 그래서 올리브기름은 더운 지방에서 더운 여름에 어울리는 기름이라고 한다.

재래식 압착방식으로 짜내는 기름 중에 재료가 국내산인 기름이 있으니 유채씨기름. 유채는 가을에 씨를 뿌려 겨울을 나고 초여름에 씨를 맺는다. 겨울에 빈 땅에 농사 지을 수 있는 작물이다. 유채씨기름의 다른 이름은 카놀라유로 시중에 나오는 카놀라유는 수입 정제유라 빛깔이 투명하지만 재래 압착방식의 유채씨기름은 참기름에 가깝게 검붉다고 한다. 카놀라유에 쓰이는 유채는 수입한 유전자조작농산물이다. 한 가지 추천하고 싶은 국내산 기름이 있는데 동백기름이다. 동백기름은 동백나무 열매로 짜는 기름이다. 제주도에 사는 지인이 주어 맛을 보았는데 내 입맛에는 맑고 깨끗해 식용유로 적당하다. 여러 가지 실험을 한 결과 식용유로서 더할 나위 없이 좋단다. 동백나무가 잘 자라는 남쪽 지방에서 동백기름이 좀 더 활발하게 생산되기를 기대한다.

동백꽃이 지면 제법 굵은 열매가 맺힌다.

참기름 병을 소금단지 안에 보관하면 맛이 변하는 걸 막을 수 있다.

∞ 참기름 들기름 사랑

국내산 참깨는 귀하디귀하다. "다른 건 몰라도 참깨만은, 국내산이라고 해도 수입 참깨와 섞였을 확률이 높아요. 국내산이 12만 원 할 때 중국산은 3만 7천 원 하니까요. 다만 얼마의 비율이냐가 관건이지요. 참깨는 볶아 놓기만 해도 국내산과 외국산을 구별하기 어려우니 꼭 직접 볶아서 드세요." 곡물중간상을 하던 지인의 충고다. 국내산 참깨로 짠 참기름은 무척 귀하고 시장에서 살 때 믿고 사기 어려운 품목으로, 사려면 믿을 만한 생산자와 직거래를 하는 게 좋겠다. 시집 간 딸이 친정에 오면 돌아갈 때 한 병 쥐어 줬을 만큼 귀하디귀한 물건이지 않은가. 참깨가 비싸고 귀하니 많은 가정에서 수입 참깨를 대놓고 먹고 심지어 식당에서는 수입 참기름도 비싸다고 아까워 참기름 맛이 나는 향미유를 준단다. 이건 또 뭘 섞어서 만들었을까? 국내산 참기름은 귀한 만큼 대접도 조심스럽게 하자. 삼겹살을 구워 먹을 때 참기름을 듬뿍 듬뿍 따라서 먹다가 남기는 이런 습관을 고쳐야겠다. 참기름 보관은 부엌 소금단지에 한다. 소금단지에 보관하면 참기름의 산패를 막을 수 있단다. 냉장고에 보관하면 향이 제대로 안 난다.

우리나라에서 자급률이 높은 곡식 가운데 하나가 들깨다. 또 들깨는 그 이파리도 먹으니 버릴 게 없는 곡식이다. 들깨농사 지어 들기름을 손수 짜서 먹으면서 나는 들기름 팬이 되어 그 맛에 길들여졌다.

볶아서 짠 들기름은 고소한 맛이 좋지만 산패가 잘된다. 찐 들기름은 식용유로 좋지만 보통 떡방앗간에서 짜주지 않는다. 날들깨로 짠 들기름도 있는데 바로 생들기름이다. 들기름은 생들기름으로 먹는 게 우리 몸에 가장 좋단다. 하지만 보통은 볶은 들기름을 먹는다. 이때에 200℃ 이하에서 5분 이내로 볶으면 좋다. 들기름은 산패가 잘되니 냉장고에 넣어 두고 먹는다. 참기름이 무침 요리에 좋다면 들기름은 볶음 요리에 좋다.

참고로 참깨와 들깨는 이름 돌림자가 같고 양념으로 쓰임새가 같지만 식물학에서 보면 혈연이 아니다. 참깨는 참깨과고 들깨는 꿀풀과로 자람새나 꽃이 다르다.

귀하디 귀한 참깨.

자급률이 높은 들깨.

숨 쉬는
양념 만들기 13

◆ 들깨, 양념으로 먹기

들깨는 자급률이 높으니 사기도 쉽고 값도 착하다. 들깨 이야기가 나온 김에 들깨를
양념으로 먹는 이야기를 해보겠다.

1. 들깨즙

들깨로 즙을 내서 먹을 수 있다. 믹서에 들깨와 물을 넣고 갈아서 베보자기에 받쳐 들깨
즙만 받는다. 들깨즙으로 들깨죽을 끓이기도 하고, 시래깃국이나 미역국에 넣으면 구수
하고 영양도 좋다. 또 애호박오가리나물, 토란대나물, 머윗대나물, 우엉나물 같은 데에 들
깨즙을 넣어 자작자작하게 끓이면 들깨탕이 된다.

보통 4인분 요리에는 들깨즙 1/3컵, 물 2컵 정도를 넣는다. 이때 좀 더 걸쭉한 맛을 원하
면 쌀을 한 숟갈 섞어서 갈면 좋다.

나물에 들깨즙을 넣는다.

통들깨와 들깻가루.

2. 통들깨

들깨를 깨끗이 씻어 일은 뒤 참깨 볶듯이 통으로 볶아서 먹는 방법이다. 이렇게 볶은 통 들깨는 겉절이에 넣으면 톡톡 터지며 씹히는 맛이 일품이다. 거칠어도 괜찮으면 통들깨를 갈아 깨소금 대용으로 쓸 수 있다.

통들깨가 들어간 배추겉절이.

3. 들깻가루

들깻가루는 통들깨를 볶아 껍질을 벗긴 뒤 갈아서 만든다. 가정에서는 껍질을 벗기기가 어려우니 떡방앗간에서 기계로 한다. 이 들깻가루는 산패가 잘되니 냉동실에 넣고 먹는 게 좋다. 들깨 껍질을 벗겨 보면 나가는 게 얼마나 많은지 알 수 있다. 들깨한 말을 포대로 가져가면 들깻가루 한 봉지가 되어서 온다. 가기 전엔 이리저리 나누고 싶었는데 돌아오면 그 마음이 꿀떡 사라진다. 그러니 들깻가루 값도 만만치 않다. 하지만 이 들깻가루가 있으면 요리가 즐겁다. 미역국도 구수하게 금방 끓여 낼 수 있고, 나물도 맛깔나게 무칠 수 있다. 누가 아프면 금방 들깨죽도 끓일 수 있다. 들깨로 죽을 끓이려면, 들깨에 물을 넣고 갈아서 베보자기로 받쳐 내야 하는데 그 일을 더는 만큼 값이 비싸다.

들깻가루를 넣은 미역국.

3부

우리 몸,
우리 손에 맞는

곡식
이야기

∞

누구나 밥에 얽힌 '찐'한 추억이 있으리라. 나는 처음 논농사를 짓던 해가 떠오른다. 산기슭을 따라 기찻길처럼 길쭉하게 다랑다랑한 논 네 다랑이. 모두 합해 500평이 될락 말락 한 논이지만 남편은 거기서 살았다. 아침에 일어나면 남편 자리는 비었다. 새벽부터 논에 문안드리러 간 거다. 아침 먹고 다시 갔다가, 점심 먹고 밭일을 마치고는 해 지기 전에 다시 저녁 문안을 다녀왔다. 논에 오리를 넣고 나서부터는 아예 거기서 살았다. 그래서 나는 논에 뭔 일이 그리 많은 줄 알았다. 지금 돌이켜 보면 일이 많았다기보다 마을 어른들이 농약 비료 안 한다고 온갖 걱정을 해주시니 남편도 바짝 긴장할 수밖에 없었던 거겠지.

그렇게 정성을 기울여 거둔 나락. 뭐든 처음이라 방아 찧는 것도 행사 치르듯 법석을 떨어야 했다. 그 햅쌀로 첫 밥을 지었던 저녁. 우리 손으로 처음 농사지은 밥을 먹는데 밥에서 향기가 나더라. 그때야 나는 알았다. 햅쌀, 그것도 햇살과 바람에 자연건조한 햅쌀은 향기가 난다는 사실을. 고소한 밥내에 싱그러운 향기가 섞여 있다. 밥알도 자르르 윤기가 돌고.

그 뒤 해마다 논농사가 손에 익으면서 논에서 사는 시간이 점점 줄어들고, 논에 들이는 시간이 줄수록 햅쌀에 대한 감동도 줄었다. 그만큼 밥에 대한 애정도 데면데면해졌다. 아침에 일어나면 자동으로 쌀 씻어 밥을 안치곤 한다. 밥에 대한 애정이 줄어든 자리에 반찬 고민이 자리 잡더라. '오늘은 무슨 밥을 지을까'가 아니라 '무슨 반찬을 해 먹을까?'로.

밥은 우리를 삶에 뿌리내리게 해준다. 오늘은 해가 안 나고 흐리니 햇살을 가장 많이 담은 곡식인 수수와 옥수수를 섞어 밥을 지어 먹고 내일은 구수한 팥밥을 지어 먹게 팥을 삶아 둬야지. 이렇게 밥에 집중하면 삶에, 내가 사는 여기에, 집중하게 된다. 농사도 더 열심히 지어야 하고 농사지은 걸 알뜰히 먹는 길을 찾는다. 반면에 반찬으로 중심을 옮기면 시장을 봐야 할 듯하다. 이것도 사야 할 것 같고, 저것도 필요한 듯하고…….

지금 여기 삶에 더 충실해지려면 밥상의 주인인 밥에 충실해져야 한다. 그 밥과 곡식 이야기를 해볼까 한다.

이삭이 패기 시작한 벼.

지금 여기 삶에 충실해지는
밥 이야기

∞ 가장 단순하면서도 온갖 걸 품에 안는 '밥'

우리말에 '짓는다'는 말이 있다. 이 '지음'은 우리가 살아가는 데 가장 중요한 걸 마련할 때 쓴다. 옷 짓고, 밥 짓고, 집 짓고. 농사지어 보니 밥을 짓는 일은 집을 한 채 짓는 만큼 온갖 손길과 여러 사람들의 울력이 필요하다. 하지만 정작 우리가 부엌에서 밥을 짓는 일은 단순하다. 쌀 씻어 물 잡은 뒤 전기밥솥에 넣고 단추를 누르면 끝! 아무리 간단한 빵도 밀을 가루로 내고 물만이 아니라 소금이나 효모를 넣고 숙성시켜서 구워야 하지만, 밥은 쌀에 물만 넣고 끓이면 된다.

이리 간단한데 '밥하기 귀찮다' '밥하기 어렵다' 이런 생각이 왜 들까? 밥이 주인공 자리에서 점점 뒤쳐지기 때문이 아닐까? 갓 지은 밥, 그래서 고소한 내가 나는 따스한 밥. 이 밥을 한 입 먹으면 밥만 먹어도 맛있다는 생각이 든다. 그러나 우리가 보통

쌀과 밥.

김이 오르는 쥐눈이콩밥.

먹는 밥은 전기밥솥에서 보온 상태로 대기 중이었던 밥으로 별 존재감이 없는, 주인 자리에서 밀려난 초라한 존재다.

밥도 철에 맞는 밥, 체질에 맞는 밥, 날씨와 어울리는 밥이 있다. 잘 아시는 대로 보리밥이나 밀밥은 찬 겨울에 자라 하지 무렵에 거두니 여름이 제철이다. 찹쌀, 찰기장처럼 찰기 있는 곡식은 따뜻한 성질이 있어 몸이 찬 사람이나 추운 겨울에 좋다. 팥은 내리는 작용이 있어 가끔 먹으면 약이지만 날마다 먹으면 안 좋다. 몸이 더운 사람한테는 검은 서리태가 맞지만 몸이 찬 사람한테는 그렇지 않다. 여름에는 감자를 놓아서 감자밥을 지으면 별미고, 가을에는 채 썬 무를 넣어 무밥을 지으면 맛있다. 또 가으내 은행을 몇 알씩 넣어 밥을 지어 먹으면 식구들 감기를 예방할 수 있다. 밥에 대한 관심과 정성을 다시 모으기 위해 가끔 별미 밥을 지어 본다. 호두를 까서 성기게 으깨 넣고 간장으로 밑간을 한 호두밥, 하얀 찹쌀에 잣을 까서 넣은 잣밥. 바다에 놀러 갔다가 톳을 따서 지어 먹은 톳밥도 기억이 나고, 통영 사시는 분이 들려준 멸치밥도 궁금하다. 물론 이런 저런 밥을 해먹어도 주인공 자격은 다시, 언제든 누구한테든 잘 맞는 멥쌀에게 돌아온다. 멥쌀만큼 온갖 것을 다 받아들여 품에 안는 요리 재료를 아시는가? 그것도 물만 넣어 짓는 단순한 요리에서 말이다.

∞ 햅쌀이 정미기에서 주르르 나오면

가을에 가장 큰일은 벼 타작이다. 논에서 벼를 거두고 나야 한숨을 돌릴 수 있다. 벼를 타작하면 마당에 검은 망을 깔고 거기 나락을 얇게 널어놓고 말린다. 가을 햇살과 바람에 말리는 거다. 바닥에 깔린 나락 사이를 고무래로 중간 중간 뒤적여 고루고루 말리면, 햇살과 바람이 좋을 때는 3일이면 다 마른다.

황금빛 나락을 마당 가득 널어놓으면 든든하면서도 얼마나 가슴 졸이는지 모른다. 나락을 펼쳐 놓았다가 갑자기 빗방울이 떨어지면 불이 난 것처럼 온 식구가 이리

볕에 나락 말리기.

기계에서 쌀이 주르르 쏟아져 나온다.

뛰고 저리 뛰며 나락을 모아 비가 안 맞게 하느라 야단법석을 떨곤 한다. 또 집에서
먼 논은 논 근처 길에서 말리는데 비가 오면 어디 비 그을 데도 없으니 하늘에 대
고 연신 빈다.

그렇게 한바탕 난리를 치르며 나락이 너무 마르지도 않게 그렇다고 축축하지도 않
게 말린 뒤 광에서 재운다. 나락이 너무 마르면 쌀알이 부스러지는 게 많고, 덜 마르
면 방아 찧을 때 껍질이 안 벗겨진 뉘가 많이 나오기 때문이다.

4~5일 전까지 논에 서 있던 벼를 거두어 포대에 담고 방아를 찧으러 가면 정미소
가 북적거린다. 우리야 논이 작아 거기서 나오는 양도 적지만, 할아버지들은 경운기

가득, 이웃 아저씨는 트럭으로 가득, 나락 포대를 싣고 정미소에서 기다리고 있다. 가정용 정미기라는 게 있기는 있다. 하지만 이 기계는 영세한 공장에서 나와 방아를 찧으면 아무래도 쌀알에 상처가 많이 생긴다. 그래서 가정용 정미기는 조금씩 방아를 찧을 때 쓰고 되도록 정미소로 간다.

가을걷이를 하면 지인들에게 쌀 주문을 받는데 보통 20kg을 주문한다. 아주 밥을 많이 먹는 집은 40kg을 주문하고. 그런데 주문 내용이 복잡하다. 요즘은 현미를 찾는 집이 늘었다. 전에는 현미가 아무리 좋다고 설득해도 싫다는 집이 많아 중간 타협안으로 5분도미로 보내 드렸는데 말이다. 이렇게 주문을 받다 보면 어르신께 드린다고 백미를 보내 달라는 주문도 꼭 껴있다.

산골 우리 동네 정미소는 냇가에 있는 작은 정미소다. 이 정미소들은 기계가 백미에 맞춰져 있다. 현미를 뽑으려면 기계를 돌리다 중간에 끊고 쌀을 받아야 한다. 현미는 나락의 겉껍질인 왕겨만 벗긴 쌀인데, 중간에 기계를 끊고 쌀을 받으면 아무래도 겉껍질이 안 벗겨진 뉘가 나오게 마련이다. 우리는 괜찮다고 해도 거기서 일하시는 분들은 자기 일에 자존심이 걸렸는지 뉘가 나오면 참지를 못하신다. 여러 번 깎아 백미로 만들어 버리면 아무 상관이 없을 일을 부러 만드니 우리를 보는 눈초리가 곱지 않다. 게다가 양이라도 몇십 가마 확 찧으면 봐주련만 고작 현미 두어 가마, 백미 한 가마에 5분도미까지 따로 찧어 달라고 하려면 손님이면서도 주인한테 연신 고개를 숙이고 눈웃음을 팔아야 한다. 그나마 들판에 있는 큰 정미소는 우리처럼 적은 양은 아예 찧어 주지도 않으니 동네 작은 정미소가 남아 있는 게 감사하다. 어찌저찌 방아가 찧어져 쌀알이 주르르 나오면 참으로 감격이다. 그걸 다시 무게를 재서 포대에 담은 뒤, 택배를 부른다. 햅쌀밥 맛을 알기에 하루라도 빨리 배달되기를 바라는 마음에서 말이다. 택배 송장을 적고 택배차 안에 쌀 포대를 실으면 한 해 농사도 막을 내린다.

∞ 잘 씹어 먹는 비법? 밥 따로 반찬 따로

그럼 우리는 어떤 쌀을 먹을까? 아이들은 5분도미를 가장 좋아해 아이들이 밥을 하면 5분도미로 짓는다. 하지만 우리 부부는 현미의 구수한 맛을 잊지 못해 현미밥을 짓는다. 또 백미도 나름 쓰일 데가 있다. 술을 빚는다든지, 콩나물밥과 같은 별미 밥을 해먹는다든지……

현미는 쌀을 1~2번 깎은 1분도미다. 거의 뉘만 벗겨 영양도 완전하지만 밥 짓기 전에 잘 불려야 하고 밥 짓는 데 시간이 많이 걸리고 씹어 먹는데 힘이 든다. 백미는 쌀을 10~12번 깎은 10분도에서 12분도로, 쌀눈을 다 깎아내 버려 쌀의 생명력을 다 버린 전분 덩어리다. 그 중간 지점으로 쌀을 다섯 번 깎아내 쌀눈은 살아 있지만 씹어 먹기 적당한 5분도미가 있다.

그런데 나는 현미냐 백미냐도 중요하지만 잘 씹어 먹느냐도 중요하다고 생각한다. 내가 밥 한 숟갈을 먹을 때 몇 번을 씹어 먹을까? 현미는 쌀알이 살아 있어 탱글탱글해 물도 잘 안 스미고 낱낱이 씹지 않으면 으깨지지 않는다. 그런데 밥 한 숟갈을 채

발아현미밥.

잘 영근 벼.

열 번도 씹지 않고 꿀꺽 삼키는 습관을 가진 사람이 현미밥을 먹는다면 무슨 소용이 있을까? 으깨지지도 않은 현미 쌀알이 우리 몸에 얼마나 흡수될까?

백미의 나쁜 점 역시 제대로 씹어 먹지 않는다는 데 있다고 생각한다. 백미는 너무 부드러워 입안에 넣고 우물우물만 해도 꿀꺽 넘어간다. 백미밥을 먹는 사람을 가만 살펴보면 제대로 씹어 먹는 사람이 잘 없다.

밥을 잘 씹어 먹는 게 얼마나 중요한지는 따로 설명이 필요하지 않으리라. 여기서는 밥을 제대로 씹어 먹으려면 어떻게 해야 하나? 이걸 이야기하고 싶다. 누구는 80번 씹어라, 누구는 120번을 씹으라고 하는데 나는 아무리 해도 그렇게 오래도록 씹을 수가 없다. 그 전에 다 목구멍으로 넘어가니까.

이런 고민을 이야기하니 정농회의 어느 분이 '밥 따로 반찬 따로' 씹어 먹으란다. 그 이야기를 듣고 밥하고 반찬을 함께 먹으며 몇 번을 씹나 헤아리니, 여러 번 씹으려고 해도 쉬이 목구멍으로 넘어가 버린다. 국물이 있는 반찬이라면 더욱 빨리 넘어간다. 이번에는 밥만 씹으니 밥을 훨씬 더 여러 번 씹을 수가 있고, 낱낱이 씹기 좋다. 양쪽 어금니에 반씩 나눠 씹으면 치아 건강도 좋아진단다. 반찬은 언제 먹나? 밥을 한 숟갈 다 씹어 삼킨 뒤 반찬만 먹는다. 밥 따로 반찬 따로, 이렇게 밥 먹는 습관을 바꾸니 이제는 가게에서 국밥을 사 먹을 때도 밥 한 숟가락에 40번은 넘게 씹는다. 그런데 오랜 습관이 얼마나 무서운지 밥숟가락을 입에 넣기가 바쁘게 내 손은 벌써 반찬을 집으려 할 때도 있다. 반찬을 집어 들고 밥이 다 씹어지기를 기다릴 때, 마치 도 닦는 기분이다. 하루아침에 오랜 습관을 고치기 어렵구나.

밥 따로 반찬 따로 먹기 시작하면서 아무래도 비빔밥이나 국밥, 덮밥, 볶음밥을 잘 안해 먹는다. 이런 밥은 아무래도 '밥 따로'가 안 되고 밥맛보다는 반찬 맛이니까. 우리나라에서 유일하게 자급하는 곡식이 쌀이다. 식량 자급이라는 관점에서 보면 쌀이 우리 구명줄이다. 논마다 물을 대니 환경 차원에서 보면 물지킴이, 환경지킴이 다. 그 쌀로 만드는 가장 단순한 요리, 밥. 이 밥에 좀 더 관심을 가지고 밥상의 주인 자리를 되찾는 데 작은 도움이 되기를 빈다.

밥에도
제철밥이 있어

여러 부모가 힘을 모아 아이들을 기르는 공동육아협동조합이 있다. 그 공동육아협
동조합에서 운영하는 어린이집에는 아이들 새참과 점심을 해주는 영양교사가 있다.
여기 영양교사는 식단만 짜는 게 아니라 직접 조리를 다 하신다. 이분들은 대부분
가정에서는 주부라 내 집 밥을 짓고 출근해 아이들을 위해 또 밥을 짓는다. 그렇게
고된 일을 하는 틈틈이 힘을 모아 열두 달 식단을 만들어 자료집을 냈다. 『신나게 만
들고 맛있게 먹자((사)공동육아와 공동체교육)』.

그 식단을 보면 밥을 얼마나 중요하게 생각하는지가 보인다. 9월에는 강낭콩밥, 고구
마밥, 기장밥, 팥밥······. 날마다 밥을 다르게 짓는다. 우리가 아침에 일어나 무얼 해
먹을지 고민할 때, '무슨 반찬을 할까?' 이렇게 생각하기 쉽지, '무슨 밥을 지어 먹을
까?' 생각하기는 어렵지 않은가. '밥' 하면 그냥 쌀밥, 아니면 잡곡밥. 특별히 비빔밥

신 나게 만들어 맛있게 먹는 '내맘대로 김밥'.

이나 콩나물밥 같은 걸 짓지 않는 한 밥에 별 관심을 기울이지 않는다. 그런데 공동육아협동조합은 친환경, 우리 농산물에 제철음식까지 고려한 식단을 짰고, 그 식단에는 7월에는 통보리밥, 통밀밥, 감자밥, 기장카레밥이, 1월에는 찹쌀밥, 수수밥, 기장밥, 녹두밥이 들어가 있다.

진수와 성찬이 주인공인 허영만의 만화 『식객』을 보면, '밥상의 주인은 밥이다'라고 한다. 제철밥상에도 제철밥이 있다. 더운 여름에는 보리와 밀을 넣은 밥, 가을에는 풋콩과 햇곡식을 넣은 밥, 추운 겨울에는 찰곡식을 넣어 지은 밥, 온갖 곡식을 한데 모은 오곡밥……. 밥상에도 계절이 있고 계절을 잘 살린 밥은 밥만 먹어도 맛있다.

자료집이 나오고 영양교사 분들을 만날 자리가 있었다. 정말 수고하셨다는 인사를 드렸다. 단지 공동육아 어린이들을 위해서만이 아니라, 우리나라 밥상을 위해서도 중요한 일을 하셨다고.

한 집안에서 주부가 식구 건강을 챙기기 위해 밥상에 정성을 들이려 해도 시장에 가면 도무지 철이 없어 제철밥상을 차리기가 쉽지가 않다.

	월	화	수	목	금
오전간식	누룽지죽	토스트	꼬마김밥	연두부. 양념장	유과. 포도
점심	흑미밥 아욱들깨된장국 쑥갓두부무침 계란장조림	강낭콩밥 홍합살미역국 콩나물무침 어묵파프리카볶음	수수밥 조개부추탕 돼지버섯불고기 양배추쌈	차조밥 청국장국 고구마순생선조림 호박나물	자장밥 단무지무침 맑은국
2후간식	단호박찐빵	호박수제비	샌드위치. 우유	고구마	조랭이떡국
2전간식	야채죽	현미가래떡. 조청	모닝빵	오곡씨리얼. 우유	인절미
점심	율무밥 순두부국 소시지야채볶음	기장밥 버섯들깨탕 생선감자조림	흑미밥 마파두부덮밥	어묵감자국 도토리무침	얼갈이배추국 도라지무침

공동육아 식단 자료집의 식단표를 보니 그냥 '밥'이 아니라 날마다 다른 제철밥이 있다.

학교 급식 역시 마찬가지다. 학교 급식이 바로 서면 그 덕에 자라는 학생들 입맛이 바로 서고, 더 나아가 우리 사회 밥상도 바로 선다. 당장 시장에서 제철 먹을거리, 몸에 좋은 먹을거리를 앞다투어 대려 하지 않겠나. 그 시작이 바로 공동육아에서, 그것도 책상물림이 아닌 직접 조리하시는 영양교사 손에서 이루어졌다. 이 식단이 공동육아를 통해 전국으로 퍼지고, 그 아이들이 자라 들어갈 학교에까지 퍼져 나가기를!

∞ 우리나라 땅에는 잡곡농사가 알맞아

왜 우리나라 밥상의 주인은 밥일까? 농사지어 보니 우리 땅은 곡식농사하기에 적당하기 때문이다. 물 델 수 있는 논에서는 벼, 그렇지 못한 밭에서는 콩, 수수, 기장, 옥수수……. 곡식은 제때 심고, 김만 매주면 저 알아서 잘 자란다. 거기 견주면 고추, 토마토와 같은 채소는 얼마나 병도 많고 탈도 많은지. 과일나무는, 만일 곡식농사 짓듯 농약, 비료 안 주고 자연스레 기르면, 과일을 얻어먹기 어렵다. 유기재배로 과일농사를 짓는 경우도 농약을 남들만큼 뿌린다. 다만 그 농약이 화학농약이 아니라 사람이 먹어도 해가 안 되는 친환경 농자재일 뿐.

이 땅에 대대로 살아온 우리 민족은 산간오지에서 기장과 수수를 길러서 먹고 살고, 들판 좋은 평야지대에서는 쌀과 보리를 길러서 먹고 살아왔다. 이런 유전자를 지니고 태어난 우리가 무얼 먹어야 몸과 조화로울까?

쥐눈이콩, 팥, 녹두, 기장, 조, 수수, 잣……. 이들은 국내산이라면 토종이다. 기장, 조, 수수는 돈이 안 되는 농사라 그동안 뒷전으로 밀려난 덕에 국제종자회사에서 큰돈 들여 개량하지 않았다. 농사짓는 이들도 대농이 아니라 소농들이 대부분이다. 전부터 길러 먹던 거니까 조금씩 기르는, 셈에 어둡고 손바닥은 두툼한 할머니 할아버지들이. 가을을 맞이하니 올해도 햇곡식들이 나오리라. 그 햇곡식 가운데 수수와 옥수수, 조와 기장을 이야기해 볼까 한다.

위쪽에 털이 많이 난 것이 조,
아래가 기장.

∞ 조가 아닌 좁쌀, 기장이 아닌 기장쌀

아마도 이 세상에서 가장 자잘한 곡식을 들라면 조의 알갱이가 아닐까 한다. 조는 강아지풀과 사촌이라니 알 만하다. 그 자잘한 알갱이인 조에는 쌀이라는 이름이 붙어있다. 좁쌀은 삼국시대부터 길러 밥을 지어 먹은 곡식이다. 지금은 쌀이 남아돌아 문제지만, 쌀밥이 귀하디귀한 몇십 년 전만 해도 겨울에 보리농사 지어 여름에 보리밥 먹고, 여름에 조농사 지어 겨울에 좁쌀밥을 먹었다.

이 좁쌀과 비슷한 곡식으로 기장이 있다. 길가에 있는 밭에 기장을 길렀더니 지나가는 이들마다 "저게 뭐예요?" 하고 물었다. 도시 사람만이 아니라 시골 사람한테도 기장은 낯선 곡식이다. 기장은 동그랗고 자잘한 알곡으로, 생육기간이 짧고 거친 땅에서도 자라며, 하지가 지나 심어도 되는 구황작물로 야생성이 강한 '돌곡식'이다. 조 이삭이 강아지풀처럼 생겼다면, 기장 이삭은 벼 이삭처럼 생겼다. 평안북도가 고향인 친정엄마는 "거기서는 '기장쌀'이라고 기장을 쌀처럼 먹었는데, 거기 기장은 알도 굵어 밥을 지어 놓으면 쌀밥 같았단다" 하신다. 자료를 찾아보면 우리 조상들은

기장밥.

기장죽.

벌판에서는 조를 길러 먹었고, 척박한 산간지대에서는 기장을 길러 먹었다고 한다. 둘 다 노란색 곡식이지만 조는 찬 기운이 강해서 몸에 열이 많은 사람한테 좋다. 중국에서는 성스러운 곡식으로 여겨, 여인들은 산후에 좁쌀죽을 먹는다고 한다. 혈중 콜레스테롤을 낮추고 뼈 형성에 좋은 영양소가 들어있다.

기장은 몸을 따스하게 해주고 위장에 좋다. 우리 식구는 몸이 차고 위장이 약하니 기장을 좋아한다. 누가 아프고 나면 기장죽을 끓여 준다. 어린아이가 있거나 회복기 환자가 있는 집이라면 노란 기장쌀을 섞어 밥을 지어 먹으면 좋다.

기장으로 할 수 있는 음식을 찾다가 '기장깍두기'를 알았다. 북쪽은 젓갈이 귀하니 김장을 담글 때 날생선을 넣었단다. 쌀이 귀하니 찹쌀로 풀국을 끓이기보다는 조나 기장으로 풀국을 대신했으리라. 그런 배경에서 함경도의 가자미식해가 있고, 그 가자미식해에서 가자미를 빼면 기장깍두기다.

이번 가을에 김장무가 굵어지면 기장밥을 넣고 깍두기를 담그고 싶다. 또글또글한 기장밥을 넣고 담그면 깍두기를 먹을 때 기장쌀이 톡톡 터지는 맛이 있지 않을까? 만일 조를 넣으려면 메조를 넣는데, 죽을 쑤어 넣는 것보다는 된밥이 좋단다. 올해 기장농사가 잘되기를 빌어 본다.

살아 있는
밥상22 🍚

◆ 기장깍두기

준비물 : 무 4∼5개, 기장 1컵, 고춧가루, 마늘, 생강, 쪽파, 천일염.

1) 기장을 2시간 물에 불린 뒤 물을 5배 넣고 된죽을 끓여 식힌다. 이때 맹물 대신 멸치,
   다시마, 말린 새우를 우려낸 물을 쓰면 더욱 맛있다.

2) 무를 깍두기 모양으로 썰어 천일염을 뿌려 3시간 정도 절인다.

3) 무가 다 절여지면 체에 밭쳐 물기를 빼낸다.

   *무를 절였던 물은 목욕물로 사용하면 좋다.

4) 절여진 무에 고춧가루를 뿌려 빨갛게 무친 뒤, 기장된죽, 마늘, 생강, 쪽파 같은 양념
   을 넣고 버무린다. 간을 맞춘 뒤, 통에 꼭꼭 눌러 담고 상온에서 하룻밤 재운 뒤 냉장
   보관 하며 먹는다.

기장죽과 양념을 넣어 슥슥 버무린다.

기장깍두기.

∞ 아이들 키를 쑥쑥 크게 하는 수수와 옥수수

사람이 땅에 심어 기르는 농작물. 여러해살이인 나무를 빼고 한해살이 농작물 가운데 이 수수와 옥수수처럼 키가 큰 농작물은 없다. 초여름이 지나 푹푹 찌는 한여름마다 수수밭에 가면 깜짝 놀란다. 하루에도 몇 센티씩 쑥쑥 자라, 며칠 만에 가서 보면 허리에 오던 수수가 내 키를 훌쩍 넘어섰다. 옥수수 역시 이에 질세라 키가 크다. 다 자란 옥수수밭에 가 보면 옥수수 이파리가 터널을 이루고 있다. 이런 수수, 옥수수를 먹으면 아이들 키가 커지지 않을까?

수수에는 우리 옛이야기에 나오듯 호랑이의 붉은 핏자국이 있다. 푸른 수숫대 안에 붉은 기운이 넘실거린다. 수수는 우리 민족과 가장 오래도록 함께 살아온 곡식으로

키가 큰 수수.

옥수수가 터널을 만들었다.

탱글탱글 수수밥.

톡톡 터지는 맛이 좋은 옥수수밥.

고조선 시절부터 길렀다고 한다.

옥수수는 나중에 아메리카에서 들어왔으니 그리 오래 되지 않았지만, 이름부터 '옥 같은 수수'로 우리 민족과 궁합이 잘 맞았던 듯, 강원도나 북쪽 산간지대에서는 주곡으로 삼았다고 한다.

우리가 여름철에 찐 옥수수로 먹는 건 풋옥수수다. 그 풋옥수수를 따지 않고 놔두면 알이 단단하게 여문 옥수수가 된다. 이 옥수수를 거두어 강냉이도 튀겨 먹고, 볶아서 차를 끓여 먹고, 엿도 고아 먹을 수 있지만, 밥을 지어 먹을 수도 있다.

알갱이가 다 영근 옥수수는 바싹 말라 무척 딱딱하다. 압력솥에 푹 삶아도 삶아지지 않고 터져 버린다. 이걸 먹으려면 하루 한두 번 물을 갈면서 맹물에 2~3일을 담가 충분히 불리면 된다. 옥수수 알갱이가 물을 충분히 머금고 나면 그 뒤부터는 콩나물 기르듯 하루 두어 번 물을 주었다가 따라 낸다. 이렇게 4~5일을 불리면 이 옥수수 알갱이에 촉이 튼다. 발아를 하는 거다. 우리는 이렇게 옥수수를 발아시켜 밥에 놔먹는다.

보통은 '대낀다'고 해서 옥수수 알갱이의 껍질을 벗겨 옥수수쌀을 만들어서 먹기도 하지만, 이렇게 하면 옥수수 씨눈이 떨어져 나갈 확률이 높다. 쌀이나 밀 이런 곡식을 먹을 때에도 씨눈이 나가 떨어져 쭉정이만 먹는 걸 방지하려고 현미나 통밀로 먹으려는 게 아닌가. 거기 견주면 옥수수는 껍질을 벗기지 않고도 먹을 수 있는 곡식이다. 옥수수를 발아시키면, 우리 몸에 더욱 좋은 성분으로 바뀐다. 배젖이 활성화해 옥수수 알갱이가 젖처럼 부드럽게 바뀌는 거다. 조금 거친 걸 참고 먹으면, 옥수수 알갱이가 톡톡 터지는 맛을 볼 수 있다.

말린 옥수수(왼쪽)를 싹을 낸 발아 옥수수(오른쪽).

살아 있는
밥상23 🥣

◆ 수수부꾸미

수수부꾸미.

수수로 해먹는 음식 가운데 수수부꾸미를 소개할까 한다. 가을비가 추적추적 와
쌀쌀한 날이면, 기름에 지진 부침이 생각난다. 그때 수수를 갈아 부꾸미를 해먹으
면 어떨까?

준비물 : 수수 1컵, 찹쌀 1/4컵, 소금, 들기름, 호떡누르개.

1) 수수와 찹쌀을 4:1로 섞어서 씻는다. 물에 하룻밤 불린다. 체에 밭쳐 물기를 뺀 뒤 소금을 넣고 곱게 간다.

2) 이 가루에 맹물을 팔팔 끓여 두어 숟갈 넣고 익반죽을 한다. 수수반죽은 점성이 약하니 반죽할 때 많이 치댈수록 반죽이 차져 맛도 좋고 모양을 내기도 좋다.

3) 프라이팬을 달구고 들기름을 두른 뒤, 반죽을 동글납작하게 빚어 놓는다. 수수반죽은 점성이 약하므로 처음부터 얇게 하려고 하지 말고 두툼하고 자그마하게 빚어 일단 한쪽 면을 노릇노릇하게 익혀야 한다.

바닥 쪽이 노릇노릇 달구어지면, 뒤집은 뒤 호떡누르개로 눌러 납작한 부침 모양을 만든다. 그러면 노릇노릇 부쳐진 면이 모양을 잡아 줘 부스러지지 않고 모양이 잘 잡힌다. 따뜻할 때 먹으면 고소한 맛이 일품이다.

*Tip
부꾸미를 부칠 때 봄에 복숭아꽃잎, 가을에 국화꽃잎을 박아 넣으면 화전이 된다.

보리밥 밀밥은
여름밥

∞ 한여름 자글자글 타는 햇살 아래서

푹푹 찌는 한여름. '여름' 하면 생각나는 반찬을 묻는다면 내 머릿속에는 '오이지'가
떠오른다. 오이지는 어려서부터 좋아하던 반찬이라 어릴 적 기억이 묻어난다. 60년
대 서울에 살던 우리 집 밥상에는 김치가 빠지지 않았다. 한데 냉장고가 없던 시절
이니 여름이면 김치가 잘 쉰다고 엄마가 힘들어 하셨다. 그래서 여름이 되면 엄마는
오이지를 담가 그걸로 김치를 대신하곤 하셨다.

학교에 다녀오면 집에는 엄마와 막내인 나 둘뿐. 아버지와 언니, 오빠들은 아직 집에
돌아오지 않아, 점심은 엄마와 둘이서 먹곤 했다. 마루에 동그랗고 가벼운 양은밥상
을 올려놓고. 밥상에는 아침에 남긴 찬밥, 그리고 물 오이지. 엄마는 오이지 두어 개
꺼내 납작납작 썰어 찬물에 띄우고 다진 고춧가루와 마늘을 얹어 오이지를 물김치

한여름 밥상의 감초, 풋고추.

처럼 만들어 주셨다. 짭조름한 오이 살이 아드득아드득 씹히는 맛……. 찬밥 한 숟갈 먹고, 물 오이지를 한 숟갈 떠먹으면 어찌나 맛나던지.

그렇게 엄마한테 얻어먹던 내가 엄마가 되고 시골로 내려와 손수 농사를 짓고 살고 있다. 그러면서 요즘 좋아하는 반찬이 새로 생겼으니 그건 바로 호박잎쌈. 봄에 거름한 구덩이에 호박씨를 두세 개 꽂아 넣으면 떡잎이 나고 천천히 줄기를 뻗어 드디어 꽃을 피운다. 호박꽃은 암꽃 수꽃이 따로다. 처음 피는 꽃은 수꽃. 수꽃이 몇 송이 먼저 핀 다음, 암꽃이 핀다. 암꽃에는 애기호박이 씨방으로 달려서 알 수 있다.

날이 한여름으로 접어들어 푹푹 찌면 호박은 자글자글 타는 햇살을 받고 쑥쑥 자란다. 이파리도 점점 커져 나중엔 방석만하게 커지고, 노란 꽃도 점점 커지며 덩굴을 뻗어 나간다. 그 넝쿨 사이에 숨어 있는 애호박을 찾아 먹는 맛도 좋지만, 시퍼런 호박잎 맛을 알고 나니 잊을 수가 없다.

호박잎도 다 자란 건 억세다. 그래서 호박넝쿨에서 갓 뻗어 나온 곁순을 찾아 딴다. 곁순은 새롭게 뻗는 줄기이니 거기 달린 호박잎이 아직 연해 먹기 좋다.

연한 이 호박잎을 몇 장 모아 찜통에 얹어 한소끔 쪄 숨이 죽으면 호박잎쌈. 그 호박잎쌈을 손에 올려놓고 그 위에 되직하게 끓인 강된장을 한 술 얹어 싸서 먹으면……. 음, 바로 여름맛이다.

∞ 여름맛의 향연, 보리밥에 강된장

여름에 먹는 밥은 단연 보리밥이 최고다. 미끌미끌 입안에서 따로 노는 보리. 그 보리를 찾아 씹으며 먹는 보리밥. 이 보리밥에 호박잎쌈과 강된장이 곁들여지면 인생이 즐겁다.

가을걷이가 얼추 끝나가는 10월, 농부는 보리씨를 뿌린다. 그러면 겨울이 오기 앞서 푸른 싹이 한 뼘 정도 올라와 추운 겨울을 난다. 영하 20℃ 아래로 내려가면 보

눈밭에 파랗게 난 보리.

리가 걱정인데. 눈이불을 덮고 있으면 안심이다. 추운 겨울을 지나 봄이 오면 보리 가 쑥쑥 자란다. 보릿고개는 바로 보리 이삭이 여물기 시작하는 때. 보릿고개를 넘 기고 하지가 다가오면 보리가 다 여문다. 이렇게 거둔 보리는 겉껍질이 강해 꼭 방아 를 찧어야 먹을 수 있다.

우리나라에서 먹는 보리 종자는 크게 겉보리와 쌀보리가 있다. 겉보리는 겉껍질이 쌀알에 붙어서 잘 떨어지지 않는 보리로 보리쌀이 길쭉하고 색이 짙다. 쌀보리는 겉 껍질이 얇은 보리로 방아를 찧으면 쌀처럼 하얗고 둥글다. 쌀보리는 쌀과 같이 밥을 할 수 있지만 겉보리는 한 번 삶은 뒤 밥을 해야 한다.

이밖에도 이삭 모양이 네모진 늘보리, 찰기가 있게 개량한 쌀보리인 찰보리가 있으 며, 도정 형태에 따라 보리쌀을 납작하게 누른 납작보리(압맥), 반으로 가른 쪼갠 보 리(할맥)가 있다. 보리는 껍질이 알곡에 꼭 붙어 있어서 10분도미로 여러 번 깎아도 거칠다. 쌀로 치면 '백미보리'다. 그래도 반으로 가른 쪼갠 보리보다는 통보리가 몸 에 더 좋으리라. 보리를 현미로 먹으려면 보리를 볶아 차로 끓여 마시거나, 엿기름 을 길러 먹는 길이 있다.

보리밥과 사촌인 밀밥도 여름밥이다. 밀은 껍질이 얇아, 밀농사를 조금 짓는 우리는 방아를 찧지 못해, 거칠지만 씨째로 먹기도 한다. 아래 사진에 있는 밥 속의 밀이 바로 밀씨다. 생협에서는 겉껍질만 벗긴, 그래서 씨눈이 살아 있는 통밀이 나온다. 통밀을 물에 하룻밤 불려 쌀과 섞어 밥을 지으면 밀밥이 된다.

밀씨를 넣고 지은 밀보리밥.

살아 있는
밥상24

◆ 보리밥

납작보리나 쪼갠 보리는 말할 것도 없고 찰보리와 쌀보리도 압력솥에 밥을 할 때 쌀과 함께 바로 넣어서 밥을 지을 수가 있다. 하지만 미끌거리는 보리의 식감을 살려 제대로 보리밥을 지으려면 통보리(찰보리든 쌀보리든 겉보리든 반으로 가르거나 누르지 않은 보리)를 미리 삶아서 밥을 짓는다.

준비물:통보리 1컵, 쌀 1컵.

1) 통보리를 박박 문질러 맑은 물이 나오도록 씻은 뒤 체에 밭쳐 뜨물을 뺀다. 좀 크다 싶은 냄비에 앉힌 뒤 물 3컵을 붓고 1~2시간 담가 둔다.

2) 1)을 불에 안치면 부글부글 거품이 올라온다. 그래서 좀 큰 냄비를 써야 한다. 끓기 시작하면 약불로 줄여 10분 정도 끓인 뒤 불을 끄고 뚜껑을 닫아 10~20분 불린다.

3) 보리가 식으면 체에 밭쳐 물을 뺀다. 그 물은 강된장 국물로 쓴다.

4) 물에 20~30분 담가 두었던 쌀과 함께 밥을 짓는데 보통 밥을 할 때보다 물을 약간 적게 잡는다.

보리밥.

삶은 보리.

*Tip 보리는 미리 삶아 놓기

밥할 때마다 보리를 삶기가 귀찮으니 한 번에 넉넉히 삶아 3)의 상태로 냉장고에 넣었다가 밥할 때 섞는다.

살아 있는
밥상 25

◆ **호박잎쌈**

준비물:연한 호박잎 몇 장.

1) 호박잎을 뒤집어 잎자루를 꺾어 살살 당기면 이파리 뒤쪽 솜털이 있는 곳에서 억센 실 같은 게 빠져나온다. 두어 차례 해주면 웬만큼 억센 부분이 사라진다.

2) 호박잎을 깨끗이 씻은 뒤 김이 오르는 찜통에 얹어 한소끔 찐다. 시퍼렇게 살아 있던 호박잎이 숨만 죽으면 된 것이니 곁에 지켜 서서 들여다보고 불을 끈다. 다 쪄지면 냄비에서 꺼내 체에 잠깐 받쳐 식힌 뒤 접시에 담는다.

이파리 뒤쪽의 억센 부분을 손질한다.

강된장에 호박잎쌈.

◆ 강된장

준비물 : 국물 재료(멸치, 다시마 한 줌씩, 표고버섯 2~3개), 감자 2알, 양파 1알, 애호박 한 토막, 풋고추 2~3개, 된장 2큰 술.

1) 보리쌀 삶으며 나온 물이나 보리 뜨물 2컵에 멸치와 다시마를 잠시 담가 둔다. 이 물을 약한 불에 끓여 국물을 낸다.

2) 감자 1알과 양파, 애호박, 표고버섯을 아주 잘게 깍둑썰기 한다. 풋고추는 먹기 좋게 썬다.

3) 뚝배기에 2)의 감자와 양파, 표고버섯, 풋고추를 넣고 1)의 국물을 자작자작하게 부어 팔팔 끓인다.

4) 감자 1알은 강판에 간다. 다 갈린 감자에 된장을 푸는데 강된장은 조금 짭짤한 게 좋으니 보통 때보다 1.5~2배 분량을 넣는다. 이렇게 좀 간간해도 감자에 들어 있는 칼

류이 염분의 과다 섭취를 막는다.

5) 야채가 익으면 뚝배기에 애호박과 4)의 감자즙에 푼 된장을 넣고 숟가락으로 저어 준다. 한소끔 끓으면 감자의 전분 덕에 되직한 강된장 완성.

호박잎을 손에 놓고, 그 위에 보리밥 한 숟갈, 강된장을 한 숟갈 얹어 먹으면 밥도둑이 따로 없다. 보리의 시원함과 호박잎의 활기와 된장의 영양이 한여름 더위에 지친 우리 몸에 활기를 넣어 주리라.

겨울에는
천연지방이 듬뿍 든 밥

◇◇ 우리 민족과 오래도록 살아온 밤, 대추

역사책을 보면 우리 민족이 농사를 시작하기 전에는 밤, 대추, 잣 같은 과일을 먹고 살았단다. 그래서인지 우리 민족은 이름 있는 날에는 상에 밤, 대추를 꼭 올린다. 차례상만이 아니라 환갑, 돌, 그리고 남녀가 만나 백년가약을 맺는 초례상에도. 폐백을 올릴 때도 며느리에게 밤과 대추를 던져 주지 않는가!

형식을 좋아하지 않는 나는 정성으로 차리면 되지, 왜 구하기 어려운 밤, 대추를 굳이 구해서 상에 올리나 생각했던 적이 있다. 그런데 산골에 살면서 밤과 대추가 참 중요한 과일이라는 걸 실감했다. 대추나무는 시골집 마당에 한 그루 서 있다. 기르는 데 따로 공을 들이지 않아도 잘 자라고 열매도 많이 단다. 추석 무렵 불그스레 익어 가는 풋대추의 맛. 붉게 익은 대추는 우리네 한방이나 민간약 어디나 빠지지

초례상에 오른
밤과 대추.

반짝반짝 윤이 나는
오도독 알밤.

않고 들어간다.

밤나무는 우리나라 산 어느 곳에서나 잘 자란다. 사람이 심기도 하지만, 산밤이 저절로 싹이 터 나무로 자라기도 한다. 원산지를 알아보니 우리나라에서 기르는 밤나무의 원산지는 우리나라다. 그렇다면 밤나무는 이 땅의 주인인 나무네!

밤나무는 1년에 두 번 자신의 존재를 확실하게 드러낸다. 한 번은 다른 나무에 꽃들이 다 피었다 진 6월 중순, 하얗게 꽃을 피울 때다. 숲이 푸를 때, 하얀 꽃을 치렁치렁 달아 멀리서도 한눈에 밤나무인지 알아볼 수 있다. 그때 길을 가다 보면, 여기도 밤나무, 저기도 밤나무가 있구나 하는 걸 알 수 있다. 그 다음이 알밤이 떨어질 때다. 길을 가다 알밤이 후두둑 떨어지는 걸 보면 그냥 지나갈 수 없다. 허리를 숙여 가며 알밤을 하나하나 줍는다. 밤송이에 찔리면서도.

밤을 줍다가 이빨로 껍질을 깎아 날밤을 먹으면 오도독오드득 씹히는 맛이 좋다. 그 맛을 알기에 제사 끝나고 음복할 때 가장 먼저 손이 가는 과일이다. 하지만 밤을 다 깎아서 먹기는 귀찮다. 우리는 밤을 주로 삶아서 먹으며 가을을 난다. 한 번 주워 오면 며칠 먹고, 다 떨어지면 새로 밤송이가 벌어진 나무가 어디 있나 찾아서 주워다 먹는다. 일찍 떨어지는 올밤나무부터 늦게 떨어지는 늦밤나무까지 있으니 가으내 다 람쥐처럼 밤을 주워 먹는다. 먹다 남는 밤은 볕에 말려 껍질을 까고 밥에 놔먹는다. 밤과 대추는 가을 과일의 대표주자라 할 수 있다. 이 자리를 빌려 밤과 대추에게 감 사한 마음을 전하고 싶다.

∞ 밤, 대추가 보석처럼 박힌 약밥

알밤과 붉은 대추가 나오는 가을, 논에서도 햅쌀과 찹쌀이 나온다. 산과 들에서 난 이들이 한데 어우러질 수 있는 음식으로 약밥이 있다. 날이 쌀쌀해지면서 우리 몸 은 찰기를 원한다. 그래서인지 가을부터 겨울까지 찹쌀이 더욱 맛있다. 인절미를 해 먹어도 겨울에 해먹어야 제맛이고, 찰밥을 지어 먹어도 겨울에 먹어야 맛있다. 그게 아니더라도 겨울에 짓는 밥에는 찹쌀을 조금씩 섞어서 밥을 지어 먹자. 여름에 보리 밥 밀밥이라면, 겨울엔 찰밥이다.

가을볕에 대추가 붉게 익어 간다.

살아 있는
밥상26 🥣

◆ **과일약밥**

찹쌀에 하얀 밤과 붉은 대추를 넣고 약밥을 해먹어 보자. 약밥은 단맛과 쫀득한 맛
이 좋아 약식 떡이라 생각하기 쉽지만, 좀 덜 달게 하면 끼니로 먹을 수 있고 소풍
도시락으로 삼을 수도 있다.

약밥을 정식으로 하려면 복잡하지만, 손님한테 대접할 게 아닌 식구들 별미 밥으로
밥하듯 만들자. 밥으로 먹을 약밥이니 단걸 따로 넣지 말고 대신 과일 삶은 물로 밥
을 지어 볼까. 사과, 배의 향기와 단맛이 스며들어 향긋하면서도 자연의 단맛이 도
는 별미 밥이 되었다.

약밥 재료.

준비물:찹쌀 2컵, 붉은 대추 한 대접, 알밤 한 대접, 잣, 참기름, 조선간장, 사과 1/2개,
배 1/2개.

1) 찹쌀은 잘 씻어서 물을 찰랑찰랑 할 정도만 넣고 3시간 정도 불린다.

2) 밥을 하는 데 중요한 맛내기 비결은 약밥 물. 약밥을 할 때는 과일 삶은 물로 밥물을

하면 자연의 단맛과 향기가 산다. 보통 먹던 설탕, 심지어 캐러멜이 들어간 약밥과 달라 첫맛은 밋밋해도 뒷맛이 은은하고 좋다. 간식인 떡이 아니라 밥으로 먹도록 덜 달게 해보자. 사과 반 알, 배 반 알, 그리고 대추를 주전자에 넣고 폭 고아 약밥 물을 만든다. 살이 좋은 대추는 칼로 살을 발라내 약밥 고명으로 쓰고, 살을 발라낸 나머지와 못생긴 대추를 밥물에 쓴다.

3) 따뜻한 약밥 물에 조선간장 한 숟갈을 넣어 간을 한다.

4) 압력솥에 불린 찹쌀을 넣고, 약밥 물을 부어 밥물을 잡는다. 찰밥이고 압력솥에 하는 밥이니 보통 밥할 때보다 약간 적게 잡는다. 고명으로 알밤과 대추 살을 넣고 고루 섞는다(풋콩, 날땅콩이 있으면 넣으면 좋다). 마지막으로 참기름을 두 숟갈 넣는다.

5) 압력솥에 밥을 한다. 간을 한 밥이라 밑이 눌어붙기 쉬우므로 압력솥의 추가 돌기 시작하면 1분 뒤 불을 줄이고 다시 1분이 지나면 불을 끈다. 전기압력밥솥이라면 잡곡밥코스로 돌리면 된다.

약밥물을 자작자작하게 붓는다.

6) 김이 다 빠지기를 기다린 뒤, 뚜껑을 열고 밥을 뜨고 나서 잣을 위에 얹는다.

간장의 간간한 맛, 과일의 달달하고도 향긋한 맛, 참기름의 윤기, 거기에 찹쌀의 쫀득함이 모인 약밥. 군데군데 보이는 굵은 알밤과 대추 그리고 잣. 가을이 그대로 밥 한 그릇에 모였다.

가을을 닮은 향긋한 약밥.

∞ 천연지방이 똘똘 뭉친 귀한 호두

약밥보다 손쉬우면서 약밥처럼 맛있는 밥으로 호두밥이 있다. 이 밥은 우리 작은애가 잘 해주는 밥이다. 호두만 까서 넣고 보통 밥하듯 하면 되니 쉽지 않은가.

호두는 씨앗을 먹는 견과류로 속살 모양이 사람 뇌 비슷하게 생긴 천연지방 덩어리다. 사람 몸, 특히 뇌에 좋다는데 그만큼 얻기도 귀하다. 우리가 과일나무를 심는다면 그 열매를 따 먹으려 함이다. 사과, 배, 복숭아 같은 과일나무는 그걸 심은 본인이 따 먹는 나무다. 여기 견주면 감나무는 자식들을 위해 심는다. 우리 시댁 마당에 서 있는 감나무는 그 집을 지었던 50여 년 전에도 고목이었다니 100년이 넘었을 나무다. 하지만 아직도 성성하게 서서 해마다 감이 열린다. 여기서 한 발 더 나아가 호두나무는 손자를 보고 심는단다.

우리는 호두나무를 여러 그루 심어 가꾸었지만 10여 년이 지났어도 호두를 따는 나무가 없다. 호두나무는 나무가 맛있어서 그런지 열매를 맺을 정도로 자라면 벌레가 나무줄기를 파먹어 버린다. 그래서 봄에 무슨 약인가를 쳐야 한다는데 그걸 안 치니 나무마다 죽어 버렸다. 게다가 산짐승도 호두를 좋아한다. 청설모, 다람쥐가 내버려 두지 않는다. 그만큼 열매를 얻기까지가 어렵다는 소리다.

시장에서 국내산 호두를 만나기는 쉽지 않다. 우리 역시 아직도 호두는 사서 먹는다. 호두는 9월에 따서 겉껍질을 벗긴 뒤 잘 말려서 시장에 나오는데 그게 10월 초. 그때 사 겨우내 먹는다. 처음에는 호두를 즐기시는 친정아버지를 위해 추석 선물로 사 보내다가 우리 것도 사기 시작했다. 값이 만만치 않아 살 때는 손이 떨리지만 우리 식구 1년 건강을 위한 일이니 눈 딱 감고 산다.

호두는 천연지방이 많아 단단한 껍질을 까면 그때부터 산패하기 시작한다. 하루 이틀이야 괜찮지만 그리 어렵게 얻은 호두를 산패한 상태로 먹을 필요가 어디 있겠는가. 껍질째 보관하다가 먹을 때 바로 까서 먹곤 한다.

호두 까기.

살아 있는
밥상27 🍚

◆ 호두밥

준비물:껍질 깐 호두 1/2컵, 쌀 2컵, 간장 조금

1) 호두 겉껍질을 까서 살만 추려낸 다음, 콩알만하게 빻는다. 씹는 맛을 위해서다.

2) 쌀을 물에 잘 씻는다. 잘 씻은 쌀을 체에 밭쳐 5분 정도 물기를 뺀다.

4) 물기를 뺀 쌀을 밥솥에 안치고 물을 잡은 뒤 쌀을 불린다. 백미는 10~20분, 5분도미
는 30~40분, 현미는 두어 시간.

5) 쌀이 다 불면 호두 빻은 걸 넣고 간장으로 밑간을 한다.

6) 쌀과 밥솥에 맞춰 밥을 짓는다.

호두밥. 밥이 다 되어 밥솥을 열면 마치 약밥처럼 기름지다.

∞ 하늘과 소통하는 잣나무가 2년 길러 낸 열매, 잣

잣은 정말 어쩌다가 눈꼽챙이만큼 먹는 귀한 견과류다. 하지만 알고 보면 잣은 우리나라 토산물로 예로부터 조선 잣을 일등으로 쳤다고 한다. 가을에 잣나무 밑에서 잣송이를 주워 그걸 까 먹어보면 거기서 나는 그 내음이란⋯⋯. 잣나무 숲길을 거니는 그런 향기가 난다.

러시아에서 나온 『아나스타샤』를 보면 잣나무는 하늘과 소통하는 나무라고 한다. 잣 열매는 잣나무에 꽃이 핀 해에 바로 영글지 않고 엄지손톱만한 어린 열매가 달리는 데 그친다. 그다음 해 잣 열매가 자라기 시작해 가을에 접어들어 다 익으면 저절로 떨어진다. 그러니까 잣은 2년생 열매다.

우리 집 마당에 잣나무가 한 그루 있는데 이 잣나무는 우리가 이사 오기 전부터 있던 나무이니 서른 살은 더 먹은 나무다. 한번은 가을에 이 나무 아래를 지나다 잣송이 더미를 발견했다. 마치 누가 잣송이를 한데 주워 모은 듯이 소복이 쌓인. 그

뾰족한 솔방울 조각마다 잣 알갱이가 한 알씩 들어 있다.

래서 잣나무가 영이 높다고 하는 게 아닐까? 마치 우리 식구한테 선물하듯 한군데 소복이 열매를 떨어뜨린 잣나무. 그 나무를 볼 때마다 자연에 사는 보람을 느낀다.

잣, 그러면 다 같은 잣인 줄 알았는데, 잣에도 '현미잣'이 있고 '백미잣'이 있다. 황잣이 바로 현미잣으로 잣 열매의 단단한 겉껍질을 깐 잣 그대로를 말한다. 이 황잣을 끓는 물에 삶은 뒤 속껍질을 벗겨 낸 게 백잣. 아무래도 현미잣인 황잣이 잣의 향기가 더 나고 영양도 더욱 좋다.

이번에는 잣까지 나오니 점점 더 밥이 고급이 되어 간다. 밥은 쌀을 가루로 내지 않은 그대로, 그러니까 통째로 끓인 거라 우리 몸에 잘 맞는다. 밥을 한 숟갈 넣으면 입에서 꼭꼭 씹게 되고, 그렇게 꼭꼭 씹어 먹으니 위장에서 소화흡수가 잘되며 섬유질이 살아 있어 배변에도 좋다. 이렇게 좋은 밥에 좀 더 공을 들이면 어떨까? 비싼 돈 주고 외식을 하는 대신, 그 돈으로 어쩌다 한번 별미 밥을 먹어 보자.

살아 있는
밥상28 🍚

◆ 잣찹쌀밥

잣찹쌀밥.

태국 북쪽 도시 치앙마이를 여행한 적이 있다. 치앙마이는 태국에서는 드물게 서늘
해 산에는 소나무가 살고 딸기를 기르는 곳이 있더라. 거기서 대나무 속에 넣고 찐
밥을 파는데, 찰밥이었다. 찹쌀은 추운 지방 음식이라는 걸 실감할 수 있었다.

한겨울 땅도 얼어 나물도 못하는 나날들. 오늘은 눈까지 쌓여 있다. 이런 날, 사찰에
서는 좀 특별한 밥을 해먹는단다. 바로 찹쌀에 잣을 넣은 잣밥. 찹쌀만으로는 한 끼
에 다 먹을 만큼 하기 힘드니 멥쌀도 조금 섞어서 짓는다.

그 귀한 잣을 넣은 밥이니 갓 지은 밥 한 공기만 있어도 충분하다. 찰진 찹쌀 가운

데 섞인 잣이 부드럽게 씹힌다. 잣이 하나둘 씹히면 입안에 잣향이 퍼지기 시작한다. 밥 한 그릇을 다 먹으면 입안에 여운이 가득하다.

준비물 : 찹쌀 2컵, 멥쌀 1컵, 잣 1/3컵, 소금 약간.

1) 쌀을 밥솥에 안치고 물을 잡은 뒤 잣을 얹는다. 황잣이라면 손으로 속껍질을 까서 쓴다.

2) 맛있는 소금 1/2작은 술을 넣어 약하게 밑간을 한다. 밑간을 해서 밥을 지으면 맛도 살고 밥만 먹어도 맛있다.

3) 밥을 짓는다. 밥이 다 되면 바로 밥을 퍼서 잣 향기를 맡으며 밥을 먹자.

∞ 서민을 위한 착한 견과, 땅콩

꽃샘추위가 몰아치는 날, 서울에 갔다. 돌아다니다 거울을 보니 볼이 빨갛다. 마치 술 한 잔 한 사람처럼. 집에서 떠날 때 내복에 스웨터를 겹겹이 입고, 겨울 웃옷을 입고 단추를 꼭꼭 여미고 털목도리를 둘렀다. 서울에 와서는 목도리는 일찌감치 풀고, 어디라도 들어가면 웃옷부터 벗어야 했다. 아마도 내복을 입지 않은 사람한테 온도가 맞추어져 있는 듯하다. 그러니 볼이 그리 달아오르나 보다. 기름값이 올라 에너지 위기라지만 내가 보기에 서울은 훈김 나는 에너지 소비 천국이다.

먹는 음식도 비슷하다. 서울에서 먹은 음식은 대부분 기름졌다. 소고기, 돼지고기 같은 고기 아니면 기름에 지지고 볶고 튀긴 음식이 많다. 그래서인지 서울 사람들 얼굴은 허옇고 기름지다. 어디가 아프다고 병원에 다니는 사람도, 밥 먹듯 약 먹는 사람도 많더라.

그렇다고 사람이 지방을 너무 안 먹어도 안 좋다. 추운 겨울에는 더욱 그렇다. 지방을 먹되, 정제기름을 줄이고 그 대신 천연지방을 먹는 게 좋다. 대보름에 부럼을 까

땅 속에
땅콩이 주렁주렁.

꼬투리 그대로 땅콩을 삶아서 속껍질째 먹으면 부드럽고 소화가 잘된다.

먹는 풍습이 이래서 생겼으리라.

잣, 호두, 땅콩 가운데 가장 만만하고 즐겨 먹는 게 땅콩. 서울 살 때는 땅콩하면 볶은 땅콩밖에 몰랐는데, 볶은 땅콩을 먹으면 소화가 잘 안 되고 금방 산화한다. 그 대신 땅콩을 꼬투리 껍질 그대로 삶아서 겉껍질만 까고 속껍질째 먹으면 부드럽고 소화가 잘된다. 가을에는 바로 삶으면 되고, 겨울에 마른 껍질땅콩은 압력솥에 물을 자작자작하게 넣고 애벌 삶은 다음, 그대로 불려서 다시 한 번 칙칙칙 10분 삶으면 잘 삶아진다.

겉껍질만 깐 알땅콩은 요리에 좋은 재료다. 알땅콩을 잘 말리면 그냥 날로 먹어도 맛있다. 게다가 속껍질째 먹을 수 있어 든든하다. 쌈장이나 샐러드에 이 날땅콩을 성기게 빻아 넣으면 고소하며 씹히는 맛이 일품이다. 알땅콩으로 콩장도 만들고, 또 팥죽이나 호박죽을 끓일 때 찹쌀옹심이 대신 날땅콩을 넣으면 편하고도 씹히는 맛이 좋다. 노란 호박죽에 들어 있는 땅콩을 씹어 먹어 보라. 천연지방이 부드럽게 몸에 스며드는 기분이다.

살아 있는
밥상29 🍚

◆ **땅콩호박죽**

천연지방이 듬뿍 든 밥을 소개하는 자리이지만, 땅콩 편에는 죽을 소개할까 한다. 주황빛으로 잘 익은 늙은호박죽을.

준비물 : 늙은호박 1/2개(단호박으로 할 때는 껍질째 해도 된다.), 찹쌀 1컵, 통밀가루 1/3컵, 날땅콩 1~2컵, 물은 재료의 6배, 나무주걱(죽을 쑬 때 나무주걱으로 저어주어야 재료가 삭지 않는다)

1) 늙은호박을 갈라 속을 들어내고 씨를 발라 따로 말린다. 늙은호박 껍질을 벗기는데, 몇 조각으로 나눈 뒤, 찜통에 한 김 오르게 찐 뒤 벗기면 쉽게 벗길 수 있다.

2) 큰 냄비에 껍질을 벗긴 호박 살을 물 1컵만 넣고 푹 무르게 삶는다. 호박 살이 무르면서 물이 나와 자작자작해질 때까지.

3) 찹쌀과 알땅콩을 미리 물에 불린(백미찹쌀은 2시간, 현미찹쌀은 6시간, 이때 물은 6배 분량) 다음, 2)에 넣고 나무주걱으로 저으면서 뭉근한 불에 푹 끓인다. 풀어지지 않은 호박 살은 나무주걱으로 눌러 푼다. 재료가 끓기 전에 눌 수 있으니 자주 저어 주고, 끓어오르기 시작하면 불을 약하게 하고 가끔 젓는다.

4) 20여 분 지나 주걱으로 찹쌀을 들어 보아 전분이 다 풀어져 쌀의 모양만 겨우 지킬 정도가 되면 다 퍼진 거다. 통밀가루를 위에 솔솔 뿌리고 엉길 때까지 기다린 다음, 주걱으로 휘저으며 모든 재료가 다 익었으면 소금으로 밑간을 한다.

5) 뚜껑을 닫고 불을 끈 채, 10분쯤 뜸을 들인 다음 먹는다.

땅콩을 넣고 끓인 호박죽.

*Tip 찹쌀 대신 찹쌀가루

찹쌀을 가루로 넣을 수도 있는데 찹쌀을 불려 믹서에 간 뒤, 찹쌀가루를 넓적한 그릇에 펴 담고 위에서 물을 뿌려 찹쌀가루가 엉기게 한 뒤 넣으면 씹히는 맛이 있다. 이때는 밀가루를 넣지 않아도 된다.

*Tip 죽에 물 맞추기

죽은 처음부터 물을 맞춰서 끓이기 시작해야 재료가 푹 무른다. 좀 된죽은 6배, 묽은 죽은 8배. 중간에 물이 모자라 더 부어야 하는 일이 없으면 좋지만, 만일 그런 일이 생기면 물을 따로 팔팔 끓여 뜨거운 물을 넣는다. 또 마지막에 웃물이 남은 상태에서 불을 끄고 뚜껑을 덮어 뜸을 들인 뒤 먹으면 좋다.

*Tip 남은 호박살은?

달지 않고 부드러운 잼을 만들어 청국장 샐러드나 누룽지탕수에 얹어 먹는다.

만드는 재미 먹는 재미,
여러 가지 떡

날마다 집밥을 먹다 보니 가끔은 떡 생각이 난다. 그러니 생일이 돌아오거나 무슨 날이 되면 떡을 빠뜨릴 수 없다. 한데 우리가 사는 면에는 떡집이 따로 없다. 오로지 있는 게 떡방앗간. 거기서 한 말 단위로 떡을 맞추거나 아니면 쌀만 빻아 와서 손수 떡을 쪄먹어야 한다. 이런 환경 덕에 나는 떡 찌는 법을 손에 익힐 수 있었다. 우리 집 떡은 기본이 현미 아니면 5분도미로 하니 색도 식감도 거칠다. 또 떡의 단맛을 내는 사카린을 넣지 않으니 단맛도 없다. 그래도 좋은 곡식으로 금방 쪄내 뜨끈뜨끈할 때 먹으면 꿀맛이다.

음식 가운데 손수 해서 먹는 맛이 가장 강렬한 게 떡이 아닌가 싶다. 떡이 쪄지는 냄새를 솔솔 맡으며 기다렸다가 그 떡을 개봉해 접시에 담는 순간! 함께 기다려 준 여러 사람 모두 잔치 분위기다.

직접 만든 떡으로
손수 차린 생일상.

봄쑥 뜯기.

∞ 쑥쑥 먹고 쑥쑥 자라는 봄

우리 집 지붕은 참새들의 아파트다. 봄이 오면 암수 한 쌍씩 이사를 들어온다. 이사를 오면 마른 풀로 둥우리를 짓느라 들락날락, 짓고 나서는 새끼들 먹이 물어다 주느라 들락날락. 처마를 올려다보면 서까래 사이에 있는 참새집 문 앞이 반질반질하다. 이런 참새집이 한두 군데도 아니고 열 손가락으로 다 셀 수 없을 만큼 많다.

그런데 이 참새들이 집주인 알기를 뭐로 안다. 우리가 보이면 참새들은 집 앞 나무에 앉아서 '우리는 저기 안 살아요' 시치미를 뗀다. 그러다 우리가 돌아서면 포르르 날아 들어간다. 한번은 남편이 아기 참새가 다 자라 날아간 빈 둥우리를 꺼내 내게 보여 주었다.

"이것 봐, 돌아가며 마른 풀 사이마다 켜켜이 쑥이 들어 있네. 참새도 쑥이 좋다는 걸 아나 봐."

사람은 쑥으로 뜸도 뜨고, 쑥물로 피부를 닦기도 하고, 여름에 쑥불을 피워 날벌레를 막지 않는가. 참새도 쑥을 넣고 집을 지어 어린 새끼들이 건강하게 자라도록 하나 보다. 쑥은 겨울이 지나고 봄이 오면 돋아나기 시작한다. 아직 눈이 오는 3월 초면 양지바른 바위틈 사이에서 쑥이 가장 먼저 돋아난다. 바람을 피하고 햇살은 받아 가장 먼저 돋아나는가 보다. 쑥은 한해살이가 아니라 여러해살이 풀이니 지난해 쑥을 뜯은 자리를 돌아다니며 어린 쑥을 찾는다. 이렇게 갓 돋기 시작한 쑥은 날로, 그러니까 회로 먹는다.

봄이 한 발 한 발 깊어지면 쑥이 여기저기에서 돋아난다. 3월 말이 되면 한 바가지 뜯어올 수 있다. 향긋한 봄쑥은 겨울을 이기고 다시 푸르러진 대파와 궁합이 잘 맞는다. 쑥에 대파를 넣고 된장국을 끓여 먹으면 그 향긋하고 달큰한 맛에 봄이 온 걸 실감할 수 있다. 봄비가 내리고 해가 길어지면 쑥이 쑥쑥 자란다. 그러면 쑥은 온갖 음식에 들어가는데 그 가운데 가장 별미는 쑥버무리가 아닐까 한다. 쑥에 쌀가루를 듬성듬성 섞어서 찌면 쑥 향내가 온 집안으로 퍼지고 식구들이 모여든다.

이렇게 쑥을 먹으니 봄이라고 잠이 온다거나 나른하다든가 하지 않다. 그런데 그건 쑥의 효과인지, 쑥을 뜯는 사이 땅 기운을 받아서 그런지는 모르겠다. 아마도 둘 다가 아닐까. 여러분들도 올봄 아이들과 함께 쑥을 뜯기 바란다. 바가지 하나 옆에 놓고 쭈그려 앉아 쑥을 뜯다 보면, 햇살이 등을 따스하게 비추고 바람은 비껴가는 걸 느낄 수 있으리라.

쑥을 뜯을 때는 제초제(풀약)를 치지 않은 곳에서 자란 쑥을 뜯는 게 좋다. 제초제는 농약 가운데 가장 독성이 강하기 때문이다. 사람 손보다 작은 어린 쑥이 좋은데, 과일칼로 쑥 밑동을 도려낸다. 하나씩 할 때마다 그 자리에서 지저분한 걸 다듬어 가면서 바가지에 모아야 두 번 손 갈 일이 없다.

살아 있는
밥상30

◆ 쑥버무리

쑥버무리.

준비물:쑥 한 바가지, 멥쌀 2컵, 소금 약간.

1) 멥쌀을 찬물에 씻은 뒤 물을 자작자작하게 붓고 4~5시간 불린다.

2) 이렇게 불린 멥쌀을 체에 밭쳐 물기를 빼고 분쇄기에 간다. 쌀을 갈 때 소금을 1작은

술 정도 넣고 간을 본다. 쌀가루가 덩어리져 있으면 체에 곱게 내린다. 설탕을 넣고 싶

으면 1큰 술 정도 넣으면 되지만 안 넣어도 맛있다.

3) 찜통에 물을 넣고 먼저 물부터 팔팔 끓인다. 떡은 증기로 찌기 때문이다.

4) 쑥을 깨끗이 씻어 잠시 체에 밭쳐 아직 물기가 남아 있을 때 썰는다.

5) 넓은 그릇에 쌀가루와 쑥을 넣고 싹싹 잘 비벼 쑥과 쌀가루가 잘 어우러지게 한다.

6) 찜통의 물이 팔팔 끓으면 시루 위에 베보자기(또는 기름종이)를 깔고 쌀가루가 묻은 쑥

을 찜통 시루 위에 살짝살짝 얹고 남은 쌀가루를 골고루 뿌려 얹는다.

7) 20~30분 약불에 찐 뒤 불을 끄고 쌀가루가 다 익었으면 뚜껑을 열어 김을 날린다. 만일 쌀가루가 덜 익었다면 물기가 모자라서다. 스프레이로 그곳에 물을 뿌린 뒤 잠시만 더 찌면 다 익는다. 따뜻할 때 먹는다.

*Tip 철마다 쑥 먹기

쑥이 어릴 때는 쑥 중심으로 쌀가루를 적게 잡고, 쑥이 조금 억세져 쓴맛이 살짝 돌 때는 쌀가루를 조금 더 많이 넣어서 쪄먹으면 좋다. 아주 어린 쑥부터 약간 쓴 맛이 도는 쑥까지 다 쓸 수 있다.

손가락 한 마디만한 어린 쑥은 날로 먹어도 좋고 거기서 조금 더 자라 손가락 길이만 해지면 쑥 버무리, 조금 더 자라 살짝 향이 돌면 쑥국.

5월, 낫으로 벨만큼 자라도 그 쑥을 베어, 생쑥을 쌀과 함께 갈아 쑥설기를 쪄먹으면 된다.

6월, 음력 단오가 되면 쑥에 쓴맛이 돈다. 이맘때 쑥은 쑥전, 쑥튀김으로 먹는다. 또 잘 엮어 말렸다가 쑥차를 끓여 마시면 좋다.

여름이 되어 쑥이 아무리 쇠어도 백숙이나 고등어조림에 넣으면 비린내를 잡아 준다.

가을바람이 불고 쑥꽃이 피면 그 쑥꽃을 따서 쑥꽃차를 마시면 되고, 추석이 다가오면 벌초한 곳에 새잎이 올라오니 이때 다시 봄철 쑥처럼 국이나 떡을 해먹을 수가 있다.

∞ 아이 생일엔 수수팥떡을

쑥설기.

백일이 지난 아기를 품에 안은 적이 있다. 꼬물꼬물 보들보들. 그 아기한테 빠져 있는 나한테 아기 엄마가 물었다. "이유식을 어떻게 해야 할까요?" 아이를 둘 키운 선배로 멋진 대답을 하면 좋겠지만, 아이들이 다 크고 나니 가물가물한 게 사실이다. 그래서 되물었다. "지금 어떻게 하고 있어요?" 그랬더니 "과일즙을 먹이고 있어요"라고 한다. 그 말을 듣는 순간, 뭐가 문제인지 무슨 말을 하는 게 좋을지가 떠올랐다. 나 역시 그랬고, 아직도 똑같이 반복하고 있는 과일즙 먹이기. 이게 과연 잘하는 걸까? 과일은 왠지 소화도 잘될 것 같고 아기도 잘 받아먹으니 아이가 이 세상 음식과 처음으로 만나는 이유식으로 좋은 게 아닌가?

사과, 배, 포도, 바나나⋯ 참 맛있다. 한데 이 맛에 견주면 곡식은 별 맛이 없다. 하지만 우리가 간과했던 중요한 사실이 있다. 과일은 안 먹어도 살 수 있지만 곡식을 안 먹고는 살 수 없다. 그렇다면 이 세상에 태어난 아기가 엄마 젖 다음으로 알아야 할 맛이 무얼까? 그것도 뼈와 살이 무럭무럭 자라야 하는 아이가 말이다. 과일

수수돌떡.

일까 곡식일까?

세 살 버릇 여든 간다는 속담이 있다. 먹는 것도 비슷하다. 그래서 우리네 전통에 아기 백일이나 돌이면 떡을 하는 게 아닐까. 아기가 열 살이 될 때까지 수수팥떡을 해 주면 무탈하게 자란다는 덕담도 있다.

수수는 참 잘 자라는 곡식이다. 수수는 심은 뒤 얼마 지나지 않아 쑥쑥 자라 여름 장마철에 사람 키보다 훌쩍 크게 자란다. 곡식 가운데 사람이 올려다보는 곡식이다. 한여름 햇살을 받고 쑥쑥 자라는 수수. 이걸 보며 옛 어른들은 아기한테 좋다는 걸 알았으리라. 팥 역시 마찬가지로 잘 자란다. 다른 곡식을 다 심은 6월 말, 하지가 지나서 심는 게 팥으로 남들보다 늦게 시작했지만 한 달쯤 뒤에는 의젓하게 자라 있다. 수수와 팥. 이 모두 검붉은 색을 띠고 있어 몸에 좋은 곡식이지만, 보통 때는 자주 먹지 않는 곡식이다. 그래서 액을 쫓아 준다는 덕담을 얹어 아기 돌부터 열 살 생일 때까지 수수팥떡을 만들어 먹인다.

살아 있는
밥상31 🍚

◆ 수수팥떡

바쁜 세상에 집에서 떡을 만드는 건 번거로운 일이다. 하지만 막상 해보면 그리 어려운 일이 아니다. 서양에서 들어온 빵과 달리 떡은 우리 몸에 익은 음식이라 몸 안에 떡 만드는 유전자가 내장되어 있으니까.

수수와 팥으로 아기 생일 떡을 만드는 법은 크게 두 가지다. 하나는 찰수수로 경단을 만들어 팥고물을 입히는 수수팥단자. 그리고 다른 하나는 수수쌀로 시루떡을 쪄서 팥고물을 얹는 것. 시루떡을 집에서 하려면 무슨 도구가 필요한 건 아닐까? 어느집에나 있는 찜통 하나만 있으면 된다. 게다가 찜통에 찌면 동그란 케이크와 같은 모양이 난다. 여기서는 시루떡으로 하는 법을 소개한다.

준비물: 찰수수 3컵, 멥쌀 3컵, 팥 2컵, 잣 한 줌, 설탕 약간, 소금 약간, 찜통, 베보자기(못 입는 내복이나 순면이불 홑청을 잘라서 쓰면 된다).

1) 수수를 씻어 물을 자작자작 부어 불린다. 쌀도 따로 씻어 불린다. 여름에는 6~7시간, 겨울에는 8~9시간.

2) 수수와 쌀이 다 불면 체에 밭쳐 물기를 뺀다. 그리고 이 두 가지를 뒤섞어 방앗간에서 곱게 간다. 방앗간에 맡길 때는 시루떡을 찌게 소금 간과 물기를 맞춰 달라고 부탁한다.(떡쌀의 간은 보통 쌀 5컵에 소금 1큰 술 정도). 또 사카린은 넣지 말아 달라고 해야 한다. 인공의 단맛이 아닌 곡식의 단맛을 즐겨 보자.

3) 찰수수와 멥쌀을 반반 섞으면 절로 물기가 맞추어진다. 여기에 설탕을 넣는데, 곡식의 단맛을 느낄 수 있게 적게 넣는다. 곡식의 단맛은 다 씹고 나서 느껴지는 은은하고 부

수수 빻기. 　　　　　　　　　　　　　　　　　　　　　　　팥고물 만들기.

드러운 단맛이다. 고운체에 두 번 정도 친 뒤 찌면 카스텔라처럼 파근파근한 떡이 된다.

4) 팥고물을 만든다. 팥을 잘 씻어 인다. 그 팥에 자작자작하게 물을 붓고 파르르 끓으면 그 물을 따라 버리고 다시 물을 2배 새로 붓고 약한 불에 삶는다. 한 시간쯤 뒤 팥을 눌러 보아 톡 터지듯 익었으면 다 된 것. 물기가 남아 있으면 따라 내고 소금 간을 한 뒤 볶듯이 물기를 없앤다. 그리고 쟁반에 펼쳐 놓고 포슬포슬 식히며 절굿공이로 대충 으깬다.

5) 집에서 시루떡을 찔 때 중요한 비결. 먼저 찜솥에 물부터 팔팔 끓여 솥을 뜨겁게 달군 뒤, 떡쌀을 안치고는 불을 약하게 해서 시나브로 찌는 게 중요하다.

그 비결대로 찜통에 물부터 팔팔 끓인다. 그리고 불을 약하게 낮추고 찜통 걸개를 건다. 베보자기를 물에 한 번 담갔다가 꼭 짜낸 뒤 찜통 걸개 위에 깐다. 그 위에 팥고물 절반을 살살 뿌려 깐다. 그리고 떡쌀을 살살 고르게 펴놓는다. 마지막으로 팥고물 남은 걸 위에 얹고 뚜껑을 덮는다.

떡쌀이 현미라면 40~50분, 백미라면 30~40분쯤 찐 뒤 불을 끄고 5분쯤 뜸을 들인다.

6) 찜통에서 떡을 꺼내 베보자기를 벗긴다. 예쁜 접시에 담아 잣으로 축하의 글씨를 쓰면, 몸에도 좋고 정성이 가득한 수수팥떡케이크 완성!

수수팥떡.

*Tip 떡 물 맞추기

멥쌀로 설기를 찔 때 떡쌀의 물기 맞추기가 어렵다. 멥쌀가루에는 물기를 더 넣어야 하기 때문이다.
방앗간에서 빻는 경우는 물을 맞춰 달라고 부탁을 하면 된다. 집에서 멥쌀을 가루로 빻는 경우에
는, 가루를 한 움큼 가볍게 뭉쳐 손바닥 위에 놓고 톡톡 던져, 바로 가루로 흩어지면 물기가 모자
란 상태. 두어 번 던져야 모양이 흐트러지는 정도가 되도록 물을 더 넣는다.
멥쌀과 찹쌀을 반반 섞으면 찹쌀의 찰기 때문에 웬만하면 물기가 잘 맞는다. 앞에 나온 쑥버무리
는 쑥에 물기가 있어 물이 저절로 맞춰진다. 마찬가지로 무시루떡을 찐다면 떡쌀에 물을 더 넣지
않아도 무에서 물이 나와 물기가 절로 맞춰진다.

*Tip 냉동했던 쌀가루로 떡 찌기

냉동했던 가루를 냉장실에서 시나브로 녹인다. 한번 얼었던 가루는 손으로 싹싹 비벼 줘야 가루
가 살아난다. 냉동보관하며 수분이 날아가 스프레이로 물을 조금씩 넣어가며 비비다가, 살짝 뭉쳐
손바닥에 놓고 살살 던져 바로 부스러지면 물기가 모자란 것. 두세 번 던졌을 때 모양이 서서히 으
스러지기 시작하면 적당하다.

∞ 식구가 모두 둘러앉아 송편을 빚어 보자

폭염 주의보가 내린 어느 여름, 인터넷 사이트에 에어컨을 주제로 이런 글이 올라왔다.

> "시댁에 가면 에어컨을 틀기는 합니다. 하지만 거실과 연결된 부엌 쪽에 발을 드리웁니다. 주방 열기가 거실로 간다고요. 부엌에서 여자들은 불을 끌어안고 전을 부치고, 시원한 거실에 앉아 있는 남자들은 전을 안주로 술 마시며……."

이 글을 본 순간, 내 머릿속에는 여러 생각이 파바박 떠올랐다. 예전에 우리 시댁도 저랬으니까. 요즘에도 이런 집이 있구나, 저러면 어느 며느리가 시댁에 가고 싶겠는가……. 그러자 남편 말이 저러고 있는 남자들이라고 좋은 건 아니란다. 남자 어른들끼리 앉아 있는 자리에서 나오는 이야기는 뻔하단다. 집안 대소사 이야기, 정치 이야기만 하느라 하나도 재미없는 딱딱한 분위기란다. 또 위아래 격식도 엄격하게 차려야 하고. 게다가 나중에 집으로 돌아가는 길에 아내 입에서 무슨 말이 나올지 걱정도 되리라.

그래서인지 언제부턴가 우리 남편은 명절에 시댁에 가면 남자들이 술 마시는 자리가 아니라 여자들이 송편 빚는 자리에 끼어든다. 여기가 더 재미있단다. 하기야 빙 둘러앉아 함께 일을 하다 보면 손이 조물조물 움직이듯 말도 도란도란 풀린다. 함께 일하다 보면, 몇 달 만에 홀쩍 큰 조카한테 말 걸기도 수월하고 제수씨와 살아가는 이야기도 나눌 수 있다. 먹는 이야기, 아이들 기르는 이야기, 어려서 아버지한테 혼난 이야기……. 어느새 송편 빚는 자리가 집안의 중심이 되었는지, 참여하지 않았던 이들도 송편 빚는 부엌방으로 온다.

이렇게 함께 일하면 일도 즐겁고 빨리 끝난다. 여자들이 설거지를 하면 남자들은 상을 들어 나르거나 방을 치운다. 그렇게 일을 끝내고 나서 조카들이 타주는 커피를 함께 둘러앉아 마신다. 남편이 시댁에 가서 남자들하고만 어울리지 않고, 같이 음식 준비를 하고 함께 치우면서 나는 시댁에 가는 일이 편안해졌다. 전에는 나도 모르게 시댁에 가기 전엔 짜증을 부릴 만큼 부담스러웠는데…….

우리 남편이 훌륭한가? 가만 따져 보라. 남자 쪽에서 봐도 이게 남는 장사다. 명절에 하루 받아먹고 한동안 온갖 투정을 다 받는 게 나은가? 하루 일 좀 거들고 칭찬받는 게 나은가?

조금만 생각을 바꾸고 몸을 움직이면 모두가 즐거운 명절이 될 수 있다. 물론 처음에는 쉽지 않다. 첫 한 발이 가장 어렵다. 이렇게 우리 남편이 바뀐 비결은 무얼까? 여러 가지가 있겠지만, 집에서 아이들과 내가 송편을 빚으며, 우리 남편을 끌어들인 것도 한몫하지 않았을까?

식구가 함께 쉬는 주말에 아이들과 재미나게 송편을 빚어 보라. 남편도 슬그머니 다가와 처음에는 구경을 하다 머뭇머뭇 끼어들도록. 남편이 게으름 대신에 함께 하는 기쁨을 맛볼 수 있도록. 그렇게 한 발 한 발 나아가다 보면 추석에 송편 빚는 일이 즐거운 자리, 추억의 자리가 될 수 있으리라.

살아 있는
밥상32 🥣

◆ 밤송편

송편에 넣는 소는 여러 가지다. 깨, 풋콩, 풋팥……. 여기서는 송편을 처음 빚는 남정네도 함께 빚기 좋은 송편을 소개하고자 한다. 깨송편은 터지면 곤란해 빚는 게 까다롭다면, 알밤을 그대로 소로 넣는 밤송편은 누구나 쉽게 빚을 수 있다. 또 밤송편은 아이들도 좋아한다. 주의할 점은 송편 모양을 가지고 잔소리하지 않기다.

온갖 모양으로 빚은 송편.

준비물(네 식구가 한 끼 먹을 분량):알밤 20알, 햅쌀 2컵, 꿀 1~2숟갈, 소금 조금, 솔잎 한 줌, 참기름 한 숟갈.

1) 햅쌀은 물에 깨끗이 씻어 3~4시간 불린 뒤, 소금 1작은 술을 넣고 곱게 갈아 둔다.

2) 주전자에 맹물을 조금 끓여 뜨거운 물로 쌀가루를 익반죽한다. 쌀가루는 마른 밀가

솔잎을 깔고 송편 찌기.

루와 달리 물기를 듬뿍 머금고 있다. 그러니 물을 조금만 넣어도 된다. 또 된 건 고칠 수 있어도 묽은 건 고칠 수 없으니 좀 되직하게 반죽을 한다. 뜨거운 물이 들어갔으니 조심조심 익반죽을 한다. 반죽이 어느 정도 뭉쳐지면 차지게 반죽을 한 뒤, 비닐봉지에 넣고 1시간 정도 숙성시킨다.

3) 숙성된 반죽을 다시 한 번 치댄다. 그러면 아까보다는 좀 길어진다. 반죽은 매끄러우면서도 어떤 모양을 만들어도 흐트러지지 않을 정도면 적당하다. 너무 되직하다 싶으면 반죽에 물을 살짝 묻혀 더 넣으면서 반죽의 농도를 조절한다. 반죽은 많이 치대야 좋으니 남자가 하면 더욱 쫄깃쫄깃한 맛을 볼 수 있다.

4) 알밤은 껍질을 까서, 큰 건 반으로 나눠 한입거리로 만든다. 물을 자작자작하게 부은 뒤 밤을 삶는데, 밤이 설겅설겅할 정도로 익으면, 물을 거의 다 따라 내고 꿀 1~2숟갈과 소금을 1작은 술 넣고 졸인다.

5) 이제 온 식구가 둘러앉아 송편을 빚을 차례. 반죽을 지름 3㎝ 정도의 원기둥으로 만든 뒤, 한 번 빚을 만하게 잘라 식구들한테 나눠 준다. 그 반죽을 손에 놓고 맨 먼저

동글동글 굴려 경단을 만들고, 작은 공같이 된 반죽을 돌려가며 손가락으로 가운데를 오목하게 만든다. 그 속에 알밤을 넣고 꼭꼭 누르는 시범을 보여 준다. 밤송편은 터져도 괜찮다. 식구마다 만들고 싶은 모양으로 만들도록 한다.

6) 찜솥에 물을 올려 펄펄 끓으면, 걸쇠를 건다. 솔잎을 한 켜 깔고 그 위에 송편을 한 켜 올린 다음 뚜껑을 닫고 찐다. 한 김 오르면 그 위에 다시 솔잎을 깔고 송편을 올려 중불에 25~30분 정도 찐다. 솔잎은 송편에 향기를 줄 뿐 아니라, 송편을 상하지 않게 해준다.

7) 다 쪄졌나 궁금하면 하나를 꺼내 찬물에 씻은 뒤 맛을 본다. 다 익었으면 불을 끄고 5분 정도 뜸을 들인다. 뜨거운 기가 가시면 대접에 든 물 한 숟갈에 참기름을 한 숟갈 탄 뒤, 이 물로 송편을 비빈다. 그러면 서로 들러붙지도 않고 더욱 고소하다.

송편이 다 쪄졌다.

찬밥의 변신,
누룽지

여러 가지 밥 이야기를 썼다. 화려한 사진을 앞세운 멋진 요리를 소개하는 글이 아닌, 먹을거리에 대해 생각을 정리할 기회를 갖는 글, 그래서 그저 읽기만 해도 몸이 건강해지는 이야기를 쓰고자 했다. 거기에 걸맞게 요리들도 단순한 쌀 요리들이었다. 밥 이야기 마지막으로 누룽지 이야기를 해보자.

올해 기상이변이 심해 농사가 잘 안 되었다. 고추는 일찍 끝났고, 고구마는 반타작, 콩은 씨앗이나 건질라나. 대대로 우리 땅에서 살아온 콩이 이렇게 안 된다는 걸 어떻게 해석해야 할까?

그나마 쌀농사가 평년작을 유지했으니 이 얼마나 다행인가. 논에서 가을걷이 하면서 벼한테 감사하고 또 감사했다. 하지만 논에서 나오는 순간, 우리 사회가 쌀을 얼마나 냉대하는지! 여태껏 먹여 살렸고 또 앞으로도 먹여 살려줄 쌀인데……. 내가 보

밥의 변신,
말린 누룽지.

기에 웬만한 도시 가정에서 밥은 반찬을 먹게 해주는 미끼 정도인 듯하다. 밥을 먹을 때 밥맛을 느끼면서 먹는가?

금방 지어 따뜻한 밥과 전자레인지에 돌려 먹는 찬밥은 같은 밥이라고 할 수가 없다. 갓 지은 밥맛이 너무 좋아 아침에는 되도록 새로 밥을 한다. 새로운 하루를 힘차게 시작하려고. 가끔 찬밥이 남아 밥을 할까 말까 망설여질 때가 있다. 그러면 찬밥을 과감하게 누룽지로 만들고, 하루를 시작할 때는 따스하게 밥을 새로 지어 밥맛 나게 먹는다.

살아 있는
밥상33 🍚

◆ 누룽지

전날 먹고 남은 밥, 양이 어중간한 밥을 전자레인지에 데워 먹지 말자. 이걸로 만들 수 있는 별미가 많다. 엿기름물에 삭혀 식혜, 전 반죽에 섞어 밥전, 만두소로 넣어 찬밥만두. 그러나 누룽지만큼 만만한 게 있으랴.

준비물:찬밥, 바닥이 두꺼운 팬이나 무쇠팬(우리 몸에는 무쇠팬이 좋단다. 무쇠팬에 누룽지를 하면 몸에도 좋고 구수한 맛이 산다).

1) 찬밥 한 덩이에 찬물을 조금 묻혀 부스러뜨린다. 이렇게 하면 주걱에 누룽지가 들러붙지 않아 쉽게 만들 수 있다.

2) 기름기가 없는 마른 팬을 불에 올린 뒤, 찬밥을 얇게 깔고 호떡누르개로 고르게 눌러준다. 중불에 잠시 두어 타닥타닥 소리가 들리기 시작하면 불을 약하게 줄이고, 팬 가장자리를 따라 누룽지가 들고 일어날 때까지 가만 둔다. 누룽지가 되는 시간은 20~30분. 보통 밥상을 차리면서 불에 얹어 놓으면 밥 먹고 밥상 치우고 설거지하는 시간에 어느 정도 된다.

누룽지가 들고 일어날 때까지 기다렸다 뒤집는다.

3) 누룽지가 어느 정도 눌었을 때 반으로 접으면 가운데가 부드러운 누룽지, 뒤집어 앞뒤
   가 모두 노릇노릇 눌리면 바삭바삭한 누룽지가 된다.

노릇노릇해진 누룽지.

우리 집 누룽지는 빛깔이 다 제각각이다. 현미밥, 검정쌀밥, 수수밥, 콩밥, 심지어 은행밥까지……. 볕이 잘 드는 마루에 누룽지를 펼쳐 놓는다. 이렇게 누룽지를 넉넉히 펼쳐 놓으면 아주 요긴하게 쓰인다.

새벽같이 어디를 가야 할 일이 있으면 누룽지 끓여 간단히 먹고 간다. 겨울에 눈이 오면 마을 사람들이 울력으로 눈을 치우는데 눈 치우러 나가는 남편한테 한 그릇 끓여 주면 보내는 마음도 든든하다.

볼일이 있어 자고 올 일이 있을 때 이 누룽지는 양식이 된다. 밥을 사 먹는 것도 한두 끼이지 않은가. 아침으로 누룽지를 간단히 끓여 먹는데, 싸가지고 다니기도 좋고, 밖에서 끓여 먹기도 좋다.

누룽지가 많이 모이면 뻥튀기를 하면 고소하다. 가끔 별미가 먹고 싶을 때 누룽지 탕수를 한다.

살아 있는
밥상34 🍚

◆ **고소한 누룽지탕수**

새콤달콤 고소한 누룽지탕수.

준비물 : 누룽지 한 판, 기름 약간, 탕수소스(다시마 3~4조각, 말린 표고버섯 3~4개, 양파 1알, 맛과 향을 내는 제철채소나 과일, 감자 1알), 간장.

1) 누룽지를 먹기 좋게 조각조각 나눈다.

2) 작은 프라이팬에 기름을 1/3컵 정도 넣고 불을 땐다.

기름 온도가 올라가면 누룽지를 나누다 나온 작은 밥알을 넣어 본다. 누룽지 조각이 가라앉지 않고 바로 하얗게 튀겨지면 적당한 온도가 된 거다. 프라이팬을 기울여 기름을 한쪽으로 모이게 하고 누룽지 조각을 2~3개씩 넣는다. 다 튀겨지면 한 번 뒤집은 다음 꺼내 기름을 뺀다.

3) 다시마와 말린 표고버섯을 먼저 불려서 먹기 좋게 썰고, 우러난 물은 국물로 쓴다. 여기에 양파, 제철채소나 과일을 넣고 자작자작하게 끓이다 재료가 익으면 간장으로 간을 한다. 마지막으로 걸쭉하게 해주는 전분을 넣는다. 나는 따로 감자전분을 사서 쓰지 않고 그때그때 감자 1알을 강판에 갈아 통째로 다 넣는다. 그러면 감자의 영양과 걸쭉함을 함께 얻을 수 있다.

4) 물론 음식점 탕수처럼 멋지지는 않지만 뜨거울 때 금방 먹으면 천하별미가 따로 있으랴. 별미이니 뜨거울 때 바로 먹는다.

*Tip 탕수소스

새콤달콤 걸쭉한 소스면 된다. 이런 맛과 향을 내는 제철채소나 과일을 넣는다. 여름이면 오이와 양파, 가을에는 늙은호박 살, 겨울에는 귤! 귤을 과육만이 아니라 껍질까지 잘게 다져서 넣으면 향긋하고 맛난 탕수소스가 된다. 과일로 신맛과 단맛을 내기 어려우면 식초와 설탕을 넣어도 좋다.

콩1.
하루 한 가지씩
콩 요리

내게는 꿈이 하나 있다. 우리 애들 결혼식을 우리 집 마당에서 하는 꿈. 집도 작고 산비탈에 서 있어 마당이 좁고 길다. 불편한 건 많겠지만 하려면 할 수 있지 않을까? 아마 그러면 내가 벌이는 잔치 가운데 가장 커다란 잔치가 되리라. 실제가 되면 그릇도 심지어 화장실도 모자라고 이런저런 불편이 태산만큼 많겠지만, 꿈이니까 어디까지나 꿈이니까 마음껏 상상해 본다.

뭘로 잔칫상을 차리나? 집에 쌀로 밥 짓고, 된장국 끓이고, 떡하고 술 빚고. 그다음 떠오르는 게 두부. 금방 해 김이 모락모락하게 나는 두부와 맛난 양념장. 여기까지만 상상해도 잔칫날처럼 흥겹다. 아무 양념도 하지 않은 두부. 그 보드라운 두부를 생각만 해도 좋지 아니한가? 우리는 왜 두부를 좋아할까? 순수한 콩을 재료로 우리가

여러 가지 콩이 모여
키워 줄 농부를 기다린다.

먹기 좋게 바꾼 요리라 그렇지 않을까?

콩이 얼마나 우리 몸에 좋을까? 이 땅이 원산지이고 우리 조상들이 대대로 먹고 살아온 음식이니 우리 몸의 DNA에 콩이 깊게 새겨졌으리라. 프랑스 여성감독이 만든 영화 〈Beautiful Green〉을 보면 인간이 사는 다른 외계 행성에서 그들이 농사짓는 곡식이 콩이다. 콩만 있으면 나무 열매, 산야초를 먹으며 살 수 있다는 감독의 로망이 담겼다.

이 콩을 얼마나 먹고 있는가? 손쉽게 두부를 사다 먹으면 되겠지만 두부를 손수 만들어 보니 참으로 품도 많이 가고 두부를 만드는 과정에서 콩의 많은 부분을 버리더라. 그래서 두부는 잔칫날 특별히 해먹는 음식이라는 걸 알았다.

날마다 잔치를 벌일 수는 없으니 두부 말고 하루에 한 가지 정도 콩으로 만든 먹을거리를 먹으면 좋겠다. 콩 요리를 한 가지라도 먹으면 그날 필요한 단백질을 먹은 듯 든든하다. 콩을 제대로 못 먹은 날은 뭔가 다른 거라도 먹어야 할 듯싶다. 생선이든 고기든……. 그걸 깨달은 순간, 이제 하루 한 가지씩 콩 요리를 해먹으려 노력한다.

여기에서 콩 요리를 한번 정리해 볼까 한다. 조리법 중심이 아니라, 콩으로 할 수 있는 요리가 뭐가 있는지 한데 모으는 자리로.

살아 있는
밥상35 🍚

◆ 할머니가 생각나는 콩밥

풋강낭콩.

강낭콩밥.

1. 풋콩밥

밥도 손수 못 지어 드실 만큼 나이가 든 할머니도 강낭콩 한 바구니 따다 안겨 드리면 한참을 앉아 콩을 까신다. 노인의 좋은 소일거리다.

도시에 가면 버스 정거장에 좌판을 벌이고 앉으신 할머니들. 손님 기다리며 풋콩을 까서 한 보시기씩 되어 파는 모습이 떠오른다. 이 할매들 돌아가시면 풋콩이 남아 있을까? 자라는 아이들이 풋콩 놓은 밥맛을 알까?

2. 쥐눈이콩밥

밥에 놔먹는 콩으로 서리태를 최고로 치지만 서리태는 까만 껍질 속에 푸른 콩알이 들어 있어 찬 기운이 많다. 꿩 대신 닭이라고, 쥐눈이콩을 놔먹어 보니 알이 잘

쥐눈이콩밥.

아 밥을 씹을 때 이물감이 적어 먹기 좋다. 알이 잘으니 불리지 않고 5분도미밥에 앉혀도 괜찮다.

3. 녹두밥

콩 가운데 가장 알이 잔 콩. 녹두는 해독능력이 뛰어난 먹을거리다. 해독작용을 위해서는 녹두로 죽을 끓여 먹는 게 좋다.

이 녹두로 밥을 지어 먹는다. 녹두는 밥하기 몇 시간 전에 미리 물에 불렸다가 밥할 때 놔서 먹는다. 녹두밥은 향기롭고 녹두알이 쌀알 크기여서 이물감이 전혀 없어 콩밥을 싫어하는 이들도 잘 먹을 수 있다. 약성이 강한 대신 자주 먹는 건 안 좋다.

녹두밥.

∞ 순수한 콩 요리 몇 가지

콩은 요오드 성분이 있는 해조류와 함께 먹으면 좋다. 다시마를 작은 조각으로 잘라 놓고 콩 요리할 때면 꼭 다시마를 몇 조각 넣어서 한다. 또한 콩을 날땅콩이나 호두, 잣, 참깨 같은 견과류와 섞어서 요리하면 더 고소해지고, 맛도 부드러워진다. 콩단백과 더불어 천연지방이 들어가니 영양도 완전하다.

더운 여름에 시원한 콩국이 제격이라면 추운 날에는 따뜻한 콩비지가 좋다. 콩국과 콩비지는 둘다 콩을 통째로 먹을 수 있는 좋은 먹을거리다. 두부를 짜내고 나온 걸 비지라 한다면 콩을 하룻밤 물에 불렸다가 믹서에 갈아 끓이는 비지를 '콩비지'라 부르자. 콩비지는 콩물이 담겨 있어 부드럽고 가정에서 손쉽게 해먹을 수 있다.

살아 있는
밥상36 🍚

◆ 콩비지

준비물 : 메주콩(대신 서리태, 쥐눈이콩으로 해도 좋다) 1컵, 다시마 3~4조각, 잣이나 깨소금 약
간, 양파 1/2쪽, 양념장(저염간장, 깨소금, 고춧가루, 참기름, 봄이면 달래 송송, 보통 때는 양파 채).

1) 콩을 다시마와 함께 2.5배의 물에 불린다. 비지는 되직하게 끓이는 게 좋아 되도록 물
   을 적게 잡는다.

2) 불은 콩과 다시마를 함께 곱게 가는데 되도록 물을 적게 잡고 되직하게 간다. 너무 빡
   빡하면 갈릴 만큼만 나머지 물을 넣는다. 마지막에 참깨나 잣을 넣으면 맛이 좋고 영
   양에 균형이 잡힌다.

3) 밑이 두꺼운 냄비나 뚝배기에 맹물을 약간 넣고 먼저 끓이다가 되직하게 갈린 콩비지
   를 넣고 저어가며 익힌다.

4) 푸륵푸륵 끓으면 뚜껑을 닫고 불을 끈다.

5) 콩비지는 요리할 때 간을 안 하고, 양념장을 맛있게 만들어 곁들여 먹는다.

다시마와 함께 콩 불리기.

콩 되직하게 갈기.

콩비지에 달래장을 얹어.

*Tip 쑥비지

봄에는 쑥을 넣어 변화를 준다.

콩비지에 쑥을 넣어 변화를 준다.

완성한 쑥비지.

*Tip 콩비지로 부침개를

콩비지로 부침개를 해서 먹으면 콩전이 된다. 김치와 궁합이 잘 맞아 김치부침개나 김치볶음에 넣으면 맛있다.

콩비지로 부침개를 하면 콩전.

동부빈대떡.

살아 있는
밥상37 🍚

◆ 콩국

콩비지를 되직하게 한다면 콩국은 좀 묽게 하고, 양념장 대신 소금으로 간한다. 콩국을 맛있게 하는 조리법은 여러 가지가 있다.
여기서는 내 조리법을 소개한다.

준비물 : 메주콩(또는 쥐눈이콩) 1컵, 물 3컵.

1) 냄비에 콩과 물을 넣고 바로 끓인다. 10분쯤 끓으면 불을 끄고 뚜껑을 닫아 둔다. 이렇게 콩국은 콩을 불리지 않고 끓여 익힌다.

2) 1)이 어느 정도 식으면 곱게 간다. 잣이나 깨소금을 같이 넣어 갈면 고소한 맛이 일품이다.

콩에 잣을 넣고 갈면 더 고소하다.

3) 먹을 때 소금 간을 한다. 이 콩국에 국수를 말아 콩국수로 먹을 수도 있지만, 국 삼아 밥과 함께 먹어도 맛있다.

여름 채소인 토마토와 오이로 고명을 올린 콩국.

살아 있는
밥상38 🍚

◆ 온몸으로 스미는 두유

콩비지나 콩국 둘 다 콩을 껍질째 갈아서 만들다 보니 거친 구석이 있다. 가끔은 몸이 조금 더 부드러운 두유를 달라고 할 때가 있다. 두유를 만들어 먹으면 몸이 기뻐하는 걸 느낄 수 있다.

준비물 : 메주콩(또는 서리태나 쥐눈이콩) 2컵, 다시마 두어 조각, 믹서, 큰 냄비, 소쿠리와 베보자기.

1) 콩과 다시마를 3배 분량의 물에 하룻밤 불린다.

2) 불은 콩을 믹서에 넣고 곱게 간다. 한 번에 다 갈지 말고 짧게 여러 번에 나누어 가는데 되직하면 물을 조금 더 넣는다.

3) 곱게 갈린 콩과 콩 불린 물을 베보자기에 꼭 짜 콩물을 받는다.

갈은 콩을 베보자기로 짜서 콩물을 받는다.

콩물은 순식간에 솟구쳐 오르니
곁에서 지키며 서 있다가 불을 꺼야 한다.

*콩물을 끓여서 뜨거울 걸 짜내면 두유가 더 많이 나오지만, 연장이 없으면 힘들다. 좀 적게 나오더라도 찬 콩물을 짠다.

4) 베보자기에서 나온 맑은 콩물은 두유가 되고, 건더기는 비지다.

5) 콩물을 커다란 냄비에 넣고 끓인다. 콩은 끓으면 순식간에 솟구쳐 오르는 성질이 있으므로 되도록 큰 냄비에 넣는다. 곁에 지켜 서서 잘 저으면서 끓어 넘치려 하면 불을 줄인다. 찬물을 약간 넣으면 푸르르 가라앉는다. 잘 저으면서 1~2분 팔팔 끓이면 완성이다.

6) 먹을 때 소금으로 간을 맞춰 먹는데 따뜻한 국으로 먹어도 좋고 차게 식혀 음료수로 마셔도 좋다.

다른 첨가물 없이 콩과 물만으로 만든(아, 다시마가 조금 들어가긴 했지만) 신선한 두유. 이걸 먹어보지 못한 사람은 그 순수한 맛을 상상하기 어려우리라.

따뜻한 두유를 국 삼아 먹어도 좋다.

병에 담은 순수한 두유.

살아 있는
밥상39

◆ 염촛물로 순두부 만들기

손수 만든 두유에 응고제를 넣어 응고시키면 순두부다. 이 순두부를 베보자기에 넣고 눌러 물기를 빼며 굳히면 두부다. 두부를 하려면 아무리 적게 잡아도 콩을 반 말은 써야 한다. 또 응고제를 자주 먹는 건 좋을 리가 없다. 그래서 우리는 콩물을 처음에는 두유로 먹는다. 그 다음 끼는 두유를 자연발효식초로 응고시켜 순두부로 만들어 먹는다.

준비물:콩 500g, 염촛물(물 400cc, 소금 2큰 술, 식초 3큰 술), 신김치와 들기름, 들깻가루.

1) 두유를 완성해 한 김 나가게 둔다.

2) 염촛물은 말 그대로 소금과 초로 만든 물이다. 맹물에 소금과 식초를 타 염촛물을 만든다. 이 물을 1)에 붓고 주걱으로 누르듯 하며 고루 섞는다.

3) 시간이 지나면 두유의 콩단백이 응고하면서 두유는 맑아지고 순두부가 생긴다.

4) 염촛물을 넣으면 자연응고하지만 아무래도 초의 시큼한 맛이 난다. 여기에 신김치를 들기름에 볶은 뒤 들깻가루로 무쳐 고명으로 얹는다. 그러면 신맛이 김치와 들깨의 고소함에 가려지고 영양의 균형도 잘 맞는다.

염촛물.

순두부가 엉긴 모습.

살아 있는
밥상40 🍚

◆ 콩장

하루 한 가지씩 콩 요리를 하리라 마음먹은 뒤부터 하기 시작한 요리가 콩장이다.
서리태로 하면 가장 맛있지만 몸이 찬 사람과 여성들에게는 메주콩이 좋다. 콩장에
알땅콩이나 호두를 함께 넣어 만들면 맛도 좋고 영양도 좋아진다.

준비물: 콩 1컵, 물 1컵, 다시마, 건통고추, 마늘, 표고버섯 1개, 간장, 들기름, 쌀조청.

1) (불리지 않은) 콩과 다시마를 물에 넣고 약불에 끓인다. 처음에는 약간 센 불에 팔팔
   끓이다가 물이 반 정도 졸아들면 불을 약하게 줄인다. 조림을 할 때는 뚜껑을 덮지 않
   아야 씹는 맛이 좋다.
2) 콩이 설경설경 익으면 여기에 향신료로 건통고추 1~2개, 마늘 몇 알, 표고버섯 1개를
   넣고 약하게 끓인다.
3) 2)의 재료가 익으면 간장으로 간을 한다.
4) 물이 거의 다 졸아들면 들기름과 찹쌀조청을 넣어 한소끔 더 졸인다. 마지막에 생강
   즙을 넣으면 향긋한 콩장이 된다.
   *콩이 푹 익은 뒤 간을 해야 콩이 나중까지도 부드럽다.

콩장.

∞ 채소로 먹는 토종 껍질콩 갓끈동부

콩 하면 열매를 먹는 게 떠오른다. 하지만 콩은 채소로 먹을 수도 있다. 앞에 된장편에서 보았듯이 콩잎을 먹기도 한다. 또 콩꼬투리를 채소처럼 먹을 수도 있다. 서양에서는 껍질콩(그린빈스)을 채소처럼 요리를 한다고 채두라 하는데 우리나라에서는 갓끈동부라는 콩이 그러하다.

콩꼬투리가 갓끈처럼 길다고 해서 갓끈동부라 불리는데 콩꽃이 피고 꼬투리가 열리면서 알곡이 여물기 시작하는 푸른 꼬투리를 따서 채소처럼 먹는다. 식감이 아삭거리고 좋아서 다른 이름이 아스파라거스콩.

비가 내리듯 늘어진 갓끈동부.

살아 있는
밥상41 🍚

◆ 갓끈동부채소볶음

준비물 : 갓끈동부 한 묶음, 여름채소 여러 가지(양파, 단호박, 당근, 비트, 피망), 들기름과 깨소금.

1) 갓끈동부는 깨끗이 씻어 손가락 두 마디 길이로 자른다. 다른 여름채소들도 손질해
   먹기 좋게 썰어 놓는다.
2) 팬을 뜨겁게 달군 뒤, 들기름을 두르고 1)의 갓끈동부와 채소들을 함께 넣고 볶는다.
3) 채소가 어느 정도 익으면 간장을 넣고 볶은 뒤 깨소금을 뿌려 마무리한다.

*Tip 프라이팬은 뜨겁게
볶음 요리는 팬을 뜨겁게 달구어 짧은 시간에 볶아 내면 좋다. 그렇다고 태우지는 말고.

갓끈동부채소볶음.

콩2.
콩의 변신은
무죄

∞ 집에서 쉽게 콩나물 기르기

콩은 콩인데 상큼한 콩은 뭘까? 콩나물이다. 콩나물 역시 겨울음식이다. 겨울 아침 콩나물만한 게 어디 있나.

콩나물을 기른다고 하면 무슨 용기나 도구부터 떠오른다. 하지만 그런 거 없이도 기를 수 있다. 누구는 시장에서 주는 검은 비닐봉지에 구멍을 뚫고 그 속에서 기른다고도 하는데 우리 집은 스테인리스 주전자에 기른다. 주전자에 하루 여러 번 물을 넣었다가 따라 내면 콩나물이 자란다. 무슨 용기를 마련하는 것보다 더 중요한 건 콩 싹에 대한 이해다. 기실 우리가 먹는 콩나물은 콩 싹이 아니라 콩 뿌리다. 콩나물 대가리가 떡잎. 그러니까 이 콩나물 대가리가 벌어지며 거기서 푸른 싹이 나오

오리알태로 주전자에 콩나물을 직접 길러 먹었다.

겠지만 그 전에 먹는다.

콩나물을 기르는 첫 번째 과정은 나물콩에 싹이 터 자라게 하는 일이다. 씨가 싹을 틔우려면 숨을 쉬어야 하고, 물이 필요하다. 대신 햇볕을 막아 광합성을 못하게 해야 사람이 먹을 수 있다. 보통 나물콩은 물주기 시작한 뒤 2~3일 뒤면 싹이 나기 시작하고 다시 2~3일이면 먹을 수 있게 자란다.

모든 씨앗은 싹이 틀 때 예민하다. 싹이 틀 때는 열이 나는데 씨앗이 모여 있으면 그 열이 모아져 떠버릴 수도 있다. 그래서 찬물을 흠뻑 주어 열을 식힌다. 물은 산소가 들어 있는 물이어야 한다. 샘물이나 지하수는 좋고, 정수기 물은 안 된다. 수돗물은 하룻밤 병에 담아 소독약을 가라앉힌 뒤 쓰면 된다.

◆ 콩나물 기르기

콩나물은 그냥 콩으로 기르는 게 아니라 알이 잘은 나물콩이 따로 있다. 나물콩은 크게 까만색 쥐눈이콩과 누런 오리알태 두 가지가 대표적이다. 콩나물은 콩을 싹틔우는 건데 콩 상태가 안 좋은 게 섞였으면 곯고 둘레에 있는 다른 콩 싹까지 상하게 만든다. 그래서 국산 햇콩이 좋은데 생협이나 하나로마트에서 구한다.

집에 안 쓰고 돌아다니는 스테인리스 주전자에 맹물을 한 번 끓여 소독한다. 여기까지가 밑 준비.

준비물 : 주전자(2ℓ들이), 나물콩(1.5컵).

1) 나물콩을 물에 씻어 물 위에 뜨는 건 버리고 물 아래 가라앉은 충실한 씨만 고른다.

2) 나물콩에 물을 2컵 부어 6시간 불린다. 이렇게 물에 불리다 콩에서 보글보글 거품이

주전자 뚜껑을 들고 일어선 콩나물. 이것 역시 오리알태.

일어나기 시작하면 다 불어 싹이 틀 준비를 한 것. 더운 철이면 6시간보다 짧게, 추운 철에는 6시간보다 오래 걸릴 수도 있다.

3) 콩이 다 불었으면 주전자에 앉히고 물을 따라 낸다. 이 때 물을 끝까지 다 따라 내는 게 좋다. 이때부터 되도록 자주 물을 준다. 나는 싱크대 한 켠에 두고 부엌일을 할 때마다 물을 준다.

4) 이틀쯤 뒤, 처음 싹이 틀락말락하는 날이 고비다. 이날 조심해서 찬물을 빼먹지 않고 자주 주면 그 다음은 알아서 잘 자란다. 물도 너무 세게 주지 말고 부드럽게 샤워하듯.

5) 한번 싹이 트면 쑥쑥 잘 자라지만 모두 고르게 싹이 트지 않기 때문에 상하는 게 생길 수 있다. 모여 있는 씨앗들 사이에 상한 게 있으면 둘레 것들도 상하기 쉽다. 싹이 손가락 한 마디쯤 자랐으면 주전자의 콩나물을 살살 쏟아내 싹이 자라는 놈들만 추려서 다시 앉힌다. 이때까지 자라지 않는 건 버린다.

6) 이제 하루 서너 번 물을 주면 저 알아서 잘 자란다. 주전자 뚜껑은 잘 닫아 싱크대 옆에 두고 필요할 때마다 한 움큼씩 뽑아서 먹으면 되니 이 얼마나 좋은가. 중간에 어느 때든 뽑아 먹으면 된다. 콩나물이 어릴수록 콩의 영양가는 좋다. 다만 콩나물이 어느 정도 자라야 껍질이 자연스레 벗겨지니 껍질을 벗겨 먹고 싶으면 껍질이 벗겨지도록 더 길러서 먹는다. 어느 순간 콩나물이 주전자 뚜껑을 들고 일어선다.

콩나물을 키우다가 중간에 한 번 추려 내야 한다. 쥐눈이콩이다.

국에 두부 대신 날콩가루를.

◇◇ 음식을 구수하게 해주는 날콩가루

메주콩을 곱게 빻아 날콩가루를 만든다. 콩 100%로, 여러 용도로 쓸 수 있는 아주 요긴한 양념이다. 된장국을 끓일 때 마지막에 날콩가루를 풀어 넣고 한소끔 끓이면 더욱 고소한 된장국이 된다. 김치찌개를 끓일 때도 날콩가루를 두부 대신 얹으면 맛을 부드럽게 잡아 준다.

국에 날콩가루를 얹을 때는 재료가 다 익고 간도 다 맞추고 나서 맨 마지막에 넣는다. 국 맨 위에 날콩가루를 3~4큰 술 얹고 가만 놔두면 날콩가루가 익으면서 물을 조금씩 머금어 뭉글뭉글해진다. 마치 달걀 푼 것처럼. 이와 달리 날콩가루를 물에 개어 국을 끓일 수도 있는데 뒤에 나오는 '냉이콩탕'이 그러하다.

김치 풀국을 쑬 때 날콩가루를 섞어서 쑬 수 있다. 겨울에 찹쌀가루, 여름에 밀가루로 풀국을 쑬 때 날콩가루도 1/4 정도 풀어 넣어 끓이면 구수한 풀국이 된다. 이밖에도 부추나 얼갈이배추, 풋고추를 씻어 아직 물기가 남아 있을 때 날콩가루를 묻혀서 찐 뒤 양념을 하면 구수한 채소 반찬을 만들 수 있다.

산화가 잘되니 보관은 냉동실에 한다.

날콩가루는 냉동실에 보관한다.

펄펄 끓는 국 위에 날콩가루를 얹고 가만 두면
뭉글뭉글 엉긴다.

살아 있는
밥상42

◆ 냉이콩탕

콩탕에 향을 더해 줄 냉이, 대파, 마늘.

제주도 분한테 콩탕을 배웠다. 이 콩탕의 주재료가 날콩가루다. 봉화에서는 냉이를
넣고 콩탕을 끓인단다. 여기서는 냉이를 넣고 끓이는 냉이콩탕을 소개하겠다.
국에 날콩가루를 얹는 조리법이 날콩가루를 몽글몽글하게 익히는 거라면 콩탕은 날
콩가루로 콩물을 만드는 조리법이다.

준비물 : 날콩가루 1컵, 멸치와 다시마 약간, 냉이 한 움큼, 대파 약간, 마늘 2~3알.

1) 멸치와 다시마를 맹물에 넣고 20~30분 불린 뒤 끓여 국물을 만든다.

2) 날콩가루를 맹물에 되직하게 갠다.

3) 국물이 끓으면 갠 날콩가루를 국물에 풀어 넣어 한소끔 끓인다.

멸치와 다시마로 맛국물 내기.   날콩가루를 맹물에 갠다.

4) 여기에 냉이와 대파, 다진 마늘을 넣고 소금 간을 하면 끝. 냉이와 대파는 국물 열기
   에 바로 익고 오래 끓이면 향이 달아나니 넣자마자 불을 바로 끈다. 따뜻할 때 향기
   까지 먹는다.

냉이콩탕.

콩3.
해독왕
녹두

우리 몸에 쌓인 노폐물을 빼내는 자연 해독제 가운데 대표적인 건 무엇일까? 먹으면 바로 간으로 가서 간을 정화하는 능력을 지닌 해독왕, 녹두다. 오죽하면 한약을 먹을 때 녹두를 먹지 말라고 할까. 약초는 밥이나 콩과 달리 약간의 독성을 가지고 있다. 그 독성을 적절히 쓰면 약이 된다. 한약과 녹두를 같이 먹으면 약성이 풀리기 때문에 녹두를 먹지 말라고 하는 거다.

녹두의 이런 해독능력을 뒷받침하는 사례로, 신종플루가 한창일 때 한 어린이집에서 아이들에게 녹두죽을 끓여 먹였단다. 그랬더니 한 명도 신종플루에 걸리지 않고 무사히 잘 넘겼단다.

해독능력을 가진 녹두.

찬바람이 불면 아이들은 감기에 잘 걸린다. 면역력이 약해서 그렇기도 하지만, 단체생활을 많이 하기 때문이기도 하다. 학생은 물론이고, 어린애들도 오줌 똥 가릴 줄만 알면 어린이집, 유치원을 다니지 않는가. 어린이집에 가면 한 공간 안에서 많은 아이들과 어울려 지낸다. 누구 하나가 감기에 걸리면 전염되기 쉽다. 이럴 때 단체급식으로 녹두죽을 끓여 먹으면 아이들 몸이 정화되어 면역력을 올릴 수 있단다. 단체생활을 하는 곳이라면 어디나, 전염병이 유행할 때 녹두로 만든 음식을 급식으로 추천한다. 녹두밥, 녹두빈대떡, 숙주나물… 이 가운데 녹두죽이 녹두 함량도 높고 몸에 소화흡수가 잘되어 해독능력이 가장 높다. 그렇다고 날마다 녹두를 먹으라는 건 아니다. 특히 몸이 차거나 저혈압인 사람은 자주 먹지 말고 한 달에 두어 번 정도 먹는 게 좋다.

∞ 몸과 사회의 해독능력을 책임지는 녹두

사회생활을 하다 보면 밖에서 사 먹을 일이 많고, 술 한잔할 일이 많다. 피할 수 없으면 즐기고, 주말에 쉴 때라도 일주일간 쌓인 독을 푸는 습관을 들이자. 주말에 녹두죽을 한 그릇 먹으면 어떨까? 죽이라 소화도 잘된다. 그리고 활기차게 운동을 해서 땀을 흘리거나, 따뜻한 물에 온몸을 푹 담그면 금상첨화겠다. 녹두죽으로 몸속의 독을 풀고, 땀으로 독소를 빼낸다면 안팎으로 몸을 정화시킬 수 있으리라.

가만 따져 보면, 우리 조상들은 녹두의 효능을 적절히 썼다. 과식, 과음하기 쉬운 잔치에 녹두로 빈대떡을 부치고, 만두 속에 숙주나물을 넣었다. 식구 누가 수술을 하고 나면 녹두죽을 끓여 주곤 했다. 수술을 하면 아무래도 항생제를 먹게 되니까 그 독을 풀어 주신 거다.

식물의 멸종위기에 관한 책을 보다 우리 딸이 이런다. "만일 녹두가 사라지면 큰일 나겠어, 해독제가 사라지는 거니까."

정말 그렇다. 독극물은 늘어나는데, 해독제는 슬그머니 사라지고 있다. 우리나라의 녹두 생산량이 눈에 띄게 떨어지고 있기 때문이다. "돈 없으면 집에 가서 빈대떡이나 부쳐먹지" 노래가 실감나지 않을 만큼.

우리 농촌에서 녹두를 기르는 농가도 찾기 어렵다. 녹두는 농작물 가운데 사람 손길이 많이 필요한 성가신 곡식이기 때문이다. 녹두는 알이 잔데다, 열매가 익는 대로 중간중간 꼬투리가 벌어져 알갱이가 땅으로 흩어지는 성질을 가지고 있다. 그러니 자주 들여다보고 익는 대로 따서 모아야 하는데, 그 작은 녹두알을 손으로 모아야 얼마나 모으겠는가. 우리는 겨우 병으로 하나를 거둔다. 대신 또 알이 자니 먹는 것도 마다.

요즘같이 몸으로 움직이는 걸 꺼리는 세상에 누가 녹두를 기르겠는가. 녹두가 비싸더라도 자주 사 먹기를 바란다. 그래야 녹두 생산 농가가 늘어나고, 콩의 자급률이 올라가는 만큼 우리 사회의 해독능력이 늘어날 테니까.

살아 있는
밥상43 🍚

◆ 간편 현미녹두죽

녹두죽을 제대로 끓이려면 팥죽처럼 녹두를 푹 삶아 녹두 앙금을 내려 옹근쌀을
넣고 죽을 끓여야 한다. 하지만 이렇게 하려면 손이 많이 간다. 여기서는 간단 조리
법을 소개하겠다.

준비물:압력밥솥, 녹두 1컵, 현미 2/3컵.

1) 녹두와 현미를 깨끗이 씻어 압력솥에 넣고 물 6컵을 부어 하룻밤(8~10시간) 불린다.

2) 압력솥에 불을 댕겨 칙칙칙 하고 끓기 시작하면 불을 줄이고 그때부터 10분을 끓인
   다. 녹두 익은 구수한 내가 나기 시작하면 불을 끄고 압력이 다 빠지도록 가만히 두

압력솥에 간편하게 끓인 녹두죽.

어 뜸을 들인다.

3) 죽은 끓일 때 훌훌 저어줘야 먹을 때 좋다. 뚜껑을 열고 뜨거운 물을 1~2컵 부어 훌훌 저어질 정도로 농도를 맞춘다. 불을 켜고 저어가며 쌀과 녹두가 잘 어우러지게 한다.

4) 죽이 다시 팔팔 끓기 시작하면 소금으로 밑간을 하고 불을 끄고 뚜껑을 닫고 5분 정도 뒤 먹는다.

5) 녹두죽은 간을 약하게 하고 저염간장이나 물김치를 곁들어 먹으면 좋다. 간장과 물김치는 발효식품으로 죽의 소화를 돕고 맛을 돋운다.

* 어 방법으로 팥죽, (단)호박죽을 끓일 수 있다.

살아 있는
밥상44 🍚

◆ 녹두백숙

더운 여름이 아니더라도 집을 떠나 고생하고 돌아온 식구한테 몸보신을 시켜 줄 때
가 있다. 몸보신에 뭐가 좋을까? 몸을 보해 주는 닭에, 독을 푸는 녹두가 만난 녹두
백숙을 소개한다.

준비물:백숙용 닭 1마리, 녹두 1컵, 찹쌀 2/3컵, 통마늘 1컵, 생강 1개, 은행 한 줌.

1) 닭을 깨끗이 씻어 물기를 쪽 뺀다.

2) 녹두를 하룻밤(8~10시간) 푹 불린다. 찹쌀을 씻어 2시간 물에 불린다.

3) 닭 뱃속에 불린 녹두와 찹쌀을 채워 넣고 바늘로 닭껍질을 꼬맨다.

4) 큰 냄비에 닭을 넣고, 닭이 잠기게 물을 붓는다. 생강, 통마늘, 은행을 넣고 푹 끓이다
   중간에 뒤집어 익힌다.

*Tip
먼저 닭을 건져 먹고 나머지로 죽을 끓여 먹어도 좋다.

녹두백숙. 남편이 집닭을 잡으며 껍질을 벗겨서
이런 모양새가 되었다.

여름엔 팥칼국수,
겨울엔 팥떡국

∞ 한여름 기운이 가득한 팥

우리 집 마루 앞에 자귀나무가 한 그루 서있다. 자귀나무는 저녁에 해가 지면 잎사귀가 한데 모인다고 부부 사이 금실이 좋아지는 나무란다. 이 자귀나무에 꽃이 피면 팥을 심는다. 자귀나무는 나무 가운데 가장 순이 늦게 돋아나고 6월 중순이 되어야 꽃이 피기 때문이다. 6월 중순이면 하지가 코앞인 초여름. 논에 모내기도 다 끝나고, 콩도 다 심었을 때다. 그러니까 팥은 여름 한철에 다 자라는 곡식이다.

팥은 콩과로 언제부터인지 모르게 우리 민족이 오래도록 길러 먹었다고 한다. 지금도 우리 논밭에는 '새팥'이라는 야생팥이 여기저기 흩어져 있으니 이 한반도가 바로 팥 원산지라고 할 수 있겠다.

밭에서 나는 이 야생팥은 아주 골치인데, 팥은 그 성질이 넝쿨을 타고 올라가기에

팥꽃.

여러 가지 풋팥.

깜빡 하는 사이 곡식 줄기를 칭칭 감고 올라가 자기가 주인 노릇을 하기 때문이다. 게다가 이게 팥밭에 있으면 나중에 키우는 팥과 뒤섞여 버리는데 이 야생팥은 아무리 물에 불려도 무르지 않아서 먹을 수가 없다.

아무리 골치여도 야생팥이 노란 꽃을 피우면 예쁘다. 콩꽃이 하얗거나 붉은데다 잎 겨드랑이 사이에 있는 듯 없는 듯 피는 데 견주어, 팥꽃은 노랗고 꽃송이가 커 눈에 잘 띈다.

팥 하면 붉은팥만 있는 줄 알았는데, 농사지으며 씨앗을 모으다 보니 팥에도 참 여러 가지가 있더라. 붉은팥보다 더 검붉은 색이 나는 팥, 아예 하얀 흰팥, 회색 바탕에 얼룩이 있는 엇그루팥……. 가지가지 팥을 기르다 보니 뒤섞여 우리 집에는 알록달록 여러 가지 팥이 한데 모여 있다.

이렇게 팥이 여러 가지이듯, 팥에는 여러 가지 맛이 있다. 팥 껍질에는 사포닌 성분이 있어 아린 맛이 있다. 그래서인지 팥을 먹으면 배가 아프다고 꺼리는 분이 있다. 그런

팥 꼬투리

분은 팥을 삶을 때 처음 푸르르 끓인 물을 버리고 새로 물을 받아 삶으면 좋다. 또 팥에서는 단맛이 난다. 설탕의 단맛과는 다른 깊은 단맛이라 팥앙금이 인기인 거다. 팥은 따뜻한 성질을 가지고 있어 몸이 냉하거나 차가운 것을 먹어 배탈이 났을 때 먹으면 좋다. 그러면서도 팥은 내리는 성질이 있어 체내 노폐물 배출, 혈관이나 간에 지방이 쌓이는 걸 막아 한 달에 한두 번 먹으면 건강식으로 좋다. 그 성질 덕에 다이어트 식품으로 꼽히기도 하지만, 몸이 허하거나 위장이 약한 사람은 자주 먹으면 안 좋다.

팥을 보관하다가 벌레가 난 적이 없으신가? 팥바구미는 껍질 속에 알을 까기에 유기농으로 기른 팥에는 벌레가 난다. 다른 곡식은 잘 말려서 밀폐용기에 넣어 보관하면 되지만, 팥만은 그걸로 안 된다. 여름이 다가와 바구미가 깨어날 즈음인 6월이 되면 냉장고 속에 넣어야 한다.

∞ 음과 양의 조화로움

이야기를 앞으로 돌려 팥 심는 철에 농부가 할일이 하나 더 있으니 밀과 보리 거두기다. 밀과 보리는 지난가을 씨를 뿌리므로 싹이 난 채 추운 겨울을 견딘다. 그리고 봄부터 자라기 시작해 초여름 햇살에 누렇게 익으면 베는 거다. 우리 민족이 오랫동안 여름에 보리밥을 먹은 건 꼭 식량이 귀해서만은 아니었으리라. 늦가을에 싹이 터 추운 겨울을 넘긴 보리를 한여름에 먹는 건 자연에서 얻은 지혜였다.

보리로 밥을 해먹었다면 밀로는 국수를 즐겨 해먹었다. 예전 사람들의 여름휴가였던 음력 6월 6일 유두절. 이날 밀국수를 먹었다. 하지 무렵에 거둔 밀, 그 햇밀로 가루를 빻아 한여름에 국수를 해먹은 거다. 그러고 보면 밀 역시 보리와 마찬가지로 더운 여름에 먹는 음식이다.

한국전쟁 뒤 미군 구호물자가 들어오면서 우리나라에 수입 밀가루가 넘쳐나기 시작했다. 수입 밀가루 덕에 우리 밀은 멸종 위기를 맞았으나 우리네 밥상에 밀가루 음식은 늘고 있다. 아침은 토스트, 점심은 피자, 저녁은 스파게티……. 이렇게 1년 사철 수입 밀가루를 먹으며 살고 있는데 과연 잘하는 일일까?

우리 몸은 수천 년 더운 쌀밥을 먹고 살아온 유전인자로 구성되어 있다. 그러니 밀가루 음식을 줄곧 먹어대면 몸이 비명을 질러대지 않을 수 있을까? 그래서인지 한의원에 가면 술과 담배, 커피만이 아니라 밀가루 음식을 멀리하라는 소리를 듣는다.

살아 있는
밥상45 🍚

◆ **팥칼국수**

칼국수 가운데 좀 특별한 팥칼국수를 소개하겠다. 팥은 한여름 기운이 가득한 음
식으로 찬 걸 많이 먹었을 때 좋단다. 이 팥과 찬 겨울 기운이 가득한 밀이 만나 음
양의 조화를 이룬 음식이 팥칼국수다. 팥물을 내는 일이 좀 번거롭긴 하지만, 식구
들을 위해 만들어 먹어 보면 어떨까?

준비물 : 팥 4컵, 밀가루 3컵, 소금, 나무주걱.

1. 먼저 팥물 간편하게 내기

1) 팥을 씻어 인 뒤 팥이 자작자작하게 잠길 정도의 물에 애벌 삶아 그 물은 버린다.

2) 새로 팥 5배 분량의 물을 넣고 2시간 정도 푹 끓이다 팥을 나무주걱으로 문대서 속
   까지 문드러지면 불을 끈다.

3) 어느 정도 식은 뒤 삶아진 팥을 믹서에 넣고 간다. 곱게 갈면 껍질까지 먹을 수 있다.
   또는 대충 으깨는 정도로 갈아서 이걸 체에 받쳐 껍질을 거를 수도 있다.

3) 팥물을 그릇에 담아 가만 두어 앙금을 가라앉힌다.

   *팥은 잘 쉰다. 여름에는 냉장고에 넣어 두는 게 좋다.

2. 칼국수 만들기

1) 우리 몸에 좋은 우리 밀을 구하자. 우리 밀은 백밀가루와 통밀가루 두 가지가 있는데,
   통밀가루는 반죽은 조금 거칠지만, 맛이 훨씬 구수하고 영양도 살아 있다.

2) 밀가루를 한 줌 정도 남겨 놓고, 나머지에 소금을 1작은 술 넣고 물을 조금씩 부으며

반죽을 밀대로 민다.

반죽을 접어서 칼로 썬다.

대충 반죽한다. 이 애벌 반죽을 비닐주머니 안에 넣어서 상온에서 1~2시간 잠을 재운다. 밀가루와 물이 서로 어울리는 시간을 주는 거다.

3) 잠을 잔 애벌 반죽을 동그랗게 굴리며 잘 치댄다. 반죽이 질면 밀가루를 조금 묻히면서, 너무 되면 물을 조금 묻히면서 물을 맞춘다. 반죽이 손에 매끄럽게 착착 붙어 귓볼처럼 부드러워지면 다 된 것.

4) 상 위에, 밀가루를 조금 펴 깔고 반죽을 밀대로 민다. 다 민 뒤 그 위에 밀가루를 살짝 바르고 척척 접어서 칼로 썬다. 이게 자신이 없으면 손으로 뜯어 수제비로 해도 좋다. 수제비로 하려면 반죽을 뜯기 좋을 만큼 잡고 펄펄 끓는 국물에 한 번 담갔다가 꺼내면서 얇게 비벼 뜯어 넣는다. 이 방법을 처음 배운 날, 여럿이 먹을 수제비를 뜨느라 양이 많은데도 참 신기하고 재미있었다.

3. 팥칼국수 끓이기

1) 팥물이 가라앉은 윗물을 냄비에 넣고 먼저 끓인다. 이때 물의 양은 어림잡아 칼국수가 푹 잠길 정도로 넉넉하게 맞춘다.

2) 물이 팔팔 끓으면 칼국수를 넣고, 칼국수가 다 익으면 팥앙금을 넣고, 다시 팔팔 끓을 때 소금 간을 하면 완성.

*팥물은 쇠로 저으면 삭기 쉬우니 나무주걱으로 저어 준다.

팥칼국수.

◆ 팥떡국

겨울에는 밀가루 음식보다는 쌀 음식이 더 좋다. 그래서 겨울에는 찹쌀 옹심이를 넣는다. 나는 옹심이를 만들기도 어렵고 또 그 맛을 그다지 좋아하지 않아 떡국 떡을 넣고 끓여 보았다. 구수한 팥물에 쫄깃한 떡국 떡이 어울려 별미다.

겨울에는 팥떡국.

밥의 빈자리를
채워 주는
감자와 고구마

밥과 곡식 이야기를 팥으로 마무리하려니 고구마와 감자가 서운해 한다. 내 곁에 혼자 사는 처자들이 있는데, 그들 이야기를 들어보면 집에서 혼자 먹는 끼니는 감자나 고구마란다. 혼자 먹자고 밥 짓고 반찬을 차리느니 감자에 김치만 곁들이면 한 끼가 해결되리라.

이렇듯 감자나 고구마는 우리의 밥이 되는 식량이다. 마을 할매들 이야기를 들어보면 산골에서 고구마는 겨울을 나는 식량이었단다. 초여름 보릿고개에도 감자가 소중했으리라. 이렇게 땅 속 덩이줄기나 덩이뿌리에 영양분을 저장하는 식물을 농학에서는 서류라고 하는데 이때 서는 '참마 서(薯)'자다.

지난가을 처음으로 마를 캐서 먹었다. 3년 전 실험 삼아 몇 뿌리 심어 놓았다가 줄

밭에서 캔 동글동글한 감자.

고구마는 밥 대신 먹을 수 있는 좋은 양식이다.

기가 실해졌기에 한두 뿌리 캐니 실하고 좋았다. 겉껍질만 벗기고 먹으니 아무 맛없는 담담하고 깨끗한 맛이 좋더라. 더 캐자니 남편이 그때그때 캐서 신선하게 먹자고 한다. 겨우내 신선한 마를 먹을 꿈에 부풀어 돌아왔다.

며칠 뒤, 아침에 밭에 다녀온 남편이 마가 있던 밭의 지형이 바뀌었단다. 지난밤 멧돼지가 와서 홀라당 뒤집어엎었단다. 아하, 그때야 마가 고구마와 사촌이라는 생각이 떠올랐다. 삼국유사에 나오는 선화공주님과 결혼한 백제 '서동(薯童)'이 바로 마 장사. 서류에는 그 대표주자이며 토종인 마, 저 멀리 태평양을 건너온 고구마, 감자, 돼지감자, 그리고 동남아가 고향인 토란이 있다. 이들 사이에 식물학적인 공통점은 없다. 다만 우리가 뿌리를 식량으로 먹는다고 한데 모아 놓았다고 한다.

감자와 고구마만 견주어도 서로 공통점은 없다. 우리가 먹는 감자는 덩이줄기지만 땅 속에서 난다. 그래서 햇볕을 보면 푸르게 변해 감자는 늘 그늘에 보관하면서 먹는다. 또 감자는 그대로 씨가 된다. 고구마는 덩이뿌리로, 몸에 있는 눈에서 줄기가 자란다. 그걸 끊어서 밭에 심으면 고구마가 자라 다시 새끼를 낳는 거다. 감자는 서

올망졸망 햇감자찜.

늘한 걸 좋아하므로 봄가을에 기르고 보관도 서늘한 곳에서 한다. 고구마는 뜨거운 걸 좋아해 한여름 햇살이 있어야 자라고 보관도 13℃ 이상 따뜻한 실내에서 해야 한다. 그걸 모르고 고구마를 추운 곳에 두면 고구마가 냉해를 입어 빨리 상한다. 감자는 여름에 먹는 게 제맛이다. 한여름 땀 흘려 일하고 나서 찐 감자를 소금에 찍어서 먹는 맛. 여기 견주면 고구마는 한겨울이 제맛이다. 아무리 맛없던 고구마도 겨울을 지나며 달아진다. 그 고구마를 불에 구워 김장김치와 곁들여 먹으면 겨울날 힘이 생긴다.

감자와 고구마는 그대로 밥으로 먹을 수 있지만 이걸로 할 수 있는 여러 가지 요리도 많다. 아마 인터넷 사이트에서 '감자 요리' 치면 줄줄이 요리가 뜨리라. 여기서는 요리를 하나씩만 선보일까 한다.

살아 있는
밥상46

◆ 통감자전

우리 식구들은 모두가 하루 한 끼 밥상을 차린다는 이야기를 앞에서 했다. 이 규칙 아닌 규칙을 우리 집에서 하룻밤 자는 손님한테도 들이댄다. 게다가 그 손님이 우리 아들딸 친구일 때는 더 열심히 들이댄다.

작은애 친구들이 여럿 놀러와 며칠을 머물렀다. 그럴 때는 아예 아이들한테 부엌을 맡기고 얻어먹는다. 끼니때가 되면 아이처럼 묻는다. 오늘 메뉴가 뭐야?

둘씩 짝을 지어 밥을 하는데 한 명이 감자전을 부친단다. 감자를 갈아서. 그러려면 감자 손질에 들어가야 할 텐데 감자전을 부친다는 아이가 다른 한 명이 찌개를 다 하도록 꼼짝을 않는다. 그러면서 하는 말이, 더 있다가 해야 밥상이 완성되었을 때 맞춰낸단다. 어떻게 하기에?

하는 걸 살펴보니 감자를 물에 통째로 씻은 뒤, 껍질째 그대로 강판에 간다. 그렇게 하니 껍질을 벗길 필요가 없어 내가 꺼내 준 감자의 반밖에 안 썼고 정말 금방 다 준비가 끝났다. 맛은 어떨까? 두근두근 기대를 안고 먹어보니 씹히는 맛이 일품이다.

통감자를 껍질째 간다.

감자로만 만든 통감자전.

감자나 고구마를 먹을 때 껍질째 먹어야 좋다는 걸 알지만 감자껍질은 가끔 아린 맛이 있어 나도 모르게 껍질을 벗겨 먹곤 했다. 이렇게 하면 감자도 절약하면서 영양도 맛도 좋으니 이 얼마나 좋은 일인가. 이렇게 하나를 배웠다.

준비물 : 감자 4알, 소금, 강판, 프라이팬과 기름.

1) 감자를 깨끗이 씻은 뒤 껍질째 강판에 간다.

2) 1)의 간 감자에 소금 간을 한다. 입맛에 따라 마늘을 다져 넣거나 양파나 당근을 채 썰어 넣으면 좋다. 그밖에 밀가루나 전분을 넣지 않는다.

3) 팬에 기름을 두르고 2)의 반죽을 부친다. 점성이 좋지 않으니 동글동글 자그맣게 부친다.

*Tip 전 노릇노릇 잘 익히는 법

팬이 길들여져야 전이 잘 부쳐지므로 처음에는 시험 삼아 한 개씩만 부쳐 보아 팬이 충분히 달궈진 다음 부치는 게 좋다. 또 한쪽 면이 충분히 익은 뒤 뒤집어야 한다. 느긋하게 기다리다 어느 정도 전이 익으면 살살 밀어 기름이 고루 먹도록 좀 더 부친다. 전의 테두리가 노릇노릇해지면, 뒤집어 조금 더 부친다.

살아 있는
밥상47 🍚

◆ 밥고구마치즈파이

이 마지막 조리법은 우리 작은애의 창조물이다. 작은애는 피자를 좋아한다. 하지만 우리 집에 오븐이 없고 또 피자 재료가 있을 리 만무하다. 그래서 아이 나름대로 궁리한 끝에 나온 요리로, 몇 년째 발전하고 있다.

준비물(4인분):고구마(여름엔 감자) 큰 걸로 3개, 밥 2공기, 소금, 피자치즈, 팬.

1) 고구마에 칼집을 낸 다음 찐다.

2) 고구마가 다 쪄지면 껍질을 벗기고, 밥을 섞으면서 으깬다. 밥과 고구마가 다 섞이면 소금으로 간한다. 이때 고구마와 밥은 따뜻할수록 좋다.

3) 팬을 기름종이로 한 번 닦아낸 다음, 그 위에 2)의 고구마와 밥 섞은 걸 올리는데, 가운데를 비워 놓는다. 작은애에게 왜 그러느냐고 물으니 안 그러면 팬의 열기가 고구마

삶은 고구마와 밥을 섞는다.

에 막혀 올라오지 않아 밑은 타고 위에 피자치즈는 녹지를 않더란다. 가운데를 비워

팬의 열기가 위로 올라와 치즈가 녹을 수 있도록 한다.

4) 밥과 고구마 섞은 걸 다 올린 뒤 위에 피자치즈를 뿌리고 뚜껑을 닫는다.

5) 4)까지 하고서 팬에 불을 당겨 중약불로 피자치즈가 녹을 때까지 굽는다.

  *오븐이 있는 댁이면 오븐에 넣으면 쉬우리라.

밥고구마치즈파이.

앵두나무 한 그루 에 서 배 우 는 자 급 자 족

봄 햇살을 받으며 앵두나무 가지치기를 했다. 우리 집 앵두나무는 열매를 보면 앵두 인데, 나무 생김새는 산벚나무처럼 가지가 길게 쭉 뻗는 큰키나무다. 심은 뒤 몇 년 지나면 마치 느티나무처럼 쭉쭉 자란다. 길가로 뻗어 지나가는 데 걸리적거리는 가지와 사람 손이 닿기 어려운 곳은 좀 쳐내는 게 좋다. 또 나무뿌리에서 새 줄기가 올라오니 그것도 정리해 주어야 한다.

나무에서 몇 발자국 뒤로 물러나 나무 전체를 보면서 어떻게 쳐내야 할지를 살펴보고, 가까이 다가가 원가지에서 곁가지까지 살핀다. 이렇게 나무 가까이 또 멀리 왔다 갔다, 나무 둘레를 한 바퀴 돌면서 가지를 쳐내려니 앵두나무에 얽힌 여러 가지 사연이 떠오른다.

우리 앵두나무는 산청에서 이리로 이사 올 때 얻어 왔다. 그 앵두나무가 울도 담도 없는 우리 집 대문 노릇을 하고 있다. 그리고 몇 년이 흘렀을까. 열매를 맺기 시작했다.

앵두나무는 그 품이 넉넉할 뿐 아니라, 우리 집 과일나무 가운데 가장 열매를 일찍 맺는다. 겨울은 물론이거니와 봄이 지나가도록 자연에는 과일이 없다. 5월 말이 되어야 밭딸기가 하나둘 익어 가는데 우리 집 앵두도 따라서 붉어진다. 그때가 한창 모내기 철. 논에 맨발로 들어가 허리 숙여 모내기하고 집으로 돌아오는 길에 앵두가 기다리고 있으니 이 얼마나 고마운가.

빨갛게 익어 가는 앵두 가운데, 익은 걸 찾아 따 먹을 때의 맛이란… 기다리고 기다리던 님을 본 듯 눈부시다. 그 앵두가 풍성하게 달렸던 해에는 온 동네 아이들이 달라붙어 따 먹고, 지나가던 어른들도 손 뻗어 몇 알 맛보고. 그러고도 남아 이 앵두를 따서 자연식초도 담그고, 또 속살만 걸러서 병조림도 만들어 두었다. 과일나무 한 그루가 주는 풍성함이 놀랍다.

우리가 이렇게 앵두를 잘 따 먹었다고 하면 다들 부러워한다. 하지만 이렇게 과일나무에서 과일을 따 먹기까지 10여 년. 얼마나 많은 실패를 거듭했던가. 아니 지금도 내 딴에는 잘한다고 나무를 돌보는 게 나무를 괴롭히는 짓일 수도 있으리라. 해마다 봄이 오면 어린나무를 심었지만, 나무를 심는다고 과일이 다 달리는 것도 아니고 과일이 달린다고 사람이 다 따 먹는 것도 아니더라. 텃밭을 가꾸어 본 분은 알겠지만 콩 한 포기, 배추 한 포기 기르는 일도 쉽지 않다. 하물며 한 번 심으면 그 자리에서 10년이고 20년이고 자라야 하는 나무인 데야……

지금 시장에서 파는 과일나무 묘목은 열매를 얻기 위해 개량에 개량을 더해 나무의 자생력에 견주어 열매가 너무 굵고 많이 달린다. 이 개량 묘목은 전문 돌봄을 전제로 한다. 영양도 병충해관리도 가지 유인도. 전문 농사꾼이 아닌 사람이 과일나무 묘목을 심어 열매를 따 먹는 게 결코 쉽지 않더라.

앵두나무 이야기는, 10여 년 농사 끝에 이런 어려움 중에서 가장 잘한 걸 고른 이야기다. 무엇이건 10년을 꾸준히 하면 희망이 보인다는 걸, 지금 여기서 하는 게 보잘것없을지라도 앞으로 10년을 내다보며 함께 하자는 말을 하고 싶다.

나는 내 손으로 자급하는데 관심을 두고, 되도록 자연스레 살고자 했다. 우리 역시 사람이라 이런저런 곁길로 빠지지 않았겠나. 그러면서도 지난 10여 년 걸어온 길을 돌아보며 내세울 만한 걸 하나 꼽는다면 '자급자족'이라 할 수 있다. 논밭과 산에서 나는 먹을거리를 손수 길러 보자, 그렇게 해서 나온 먹을거리로 우리 집 밥상을 채우려 했다. 소비가 아닌 생산에 힘을 쏟았고, 그런 흐름에 아이들도 학교에 다니지 않고 집에서 스스로 공부하며 살고 있다.

도시에서 살 때 나에게 살림은 소비였다. 무얼 어디서 잘 사느냐에 따라 내 삶이 달라지는 기분이었다. 지금 내게 살림은 생산이다. 때에 맞춰 먹을거리를 생산하는 삶이다. 소비할 때는 아무리 잘해도 그때뿐. 금세 허기가 밀려와 다시 소비를 해야 할 것 같았고 그 허기는 늘 내 삶을 부족하다고 여기게 했다.

그런 사람이 손수 하려니 잘될 리가 없어 시행착오가 많았다. 그러는 가운데 조금씩 자리가 잡히니 내 삶이 바뀌더라. 집에 밥상이 바뀌고 식구들이 건강해진 건 물론이고, 내 안에 욕구, 풀어내지 못한 욕구가 많이 사그라졌다. 손수 만들면, 그게 잘되었든 생각보다 못되었든, 생산물을 보면 흐뭇하다. 내 힘으로 손수 하니 스스로 자족하는 맛을 배운다. 이게 바로 대안이 아닐까 한다.

전에 내가 늘 품고 있었던 허기가 자본주의의 욕구에서 비롯되었다는 걸 느낀다. 자본주의 사회에 사는 한 허기는 어쩔 수 없다. 지금도 허기를 느낄 때가 있지만, 그게 나를 지배하지는 않는다. 전에 견주면 마음이 많이 평화롭다. 밖에서 구해야 하는 줄 알았다가 그걸 내 안에서 찾는 그런 기분이다.

21세기에 접어들며 많은 이들이 자기 삶을 구조조정 하고 있다. 빚내서라도 재테크를 하는 게 자랑이던 얼마 전과 달리, 쓸데없는 욕구를 털어 내고 진정 살아가는 데 필요한 게 무엇인가를 생각한다.

더불어 우리 사회 역시 대안이 하나 둘 생기고 있다. 식량자급을 위한 로컬푸드 운동, 학교급식에 지역농산물을 공급하는 운동, 도시에 살면서 텃밭을 가꾸려는 도시농부 운동. 에너지 자급을 위한 대체에너지 운동, 이제 다시 살아나기 시작한 협동조합 운동, 대안교육 운동……. 이런 움직임은 아직 부싯돌에서 일어나는 작은 불꽃 같다. 이 작은 불꽃에 우리가 부싯깃이 될 수 있지 않을까?

이 책을 통해 자기 몸 움직여 스스로 만드는 이야기를 나누려고 했다. 맛이 얼마나 기막힌지, 값이 얼마인지가 아니라, 우리에게 꼭 필요한지, 그걸 얻으려면 우리가 어떻게 몸을 움직여야 하는지를 이야기해 보고 싶었다.

자급이란 자기한테 필요한 걸 스스로 마련하는 일이고, 자족이란 자기가 한 일에 대해 만족하는 일이다. '자급자족' 하면 거창한 듯하지만, 지금 여기서 내가 할 수 있는 일은 아주 작은 일에서 시작한다. 오늘 우리 식구 밥상을 내 손으로 차리고, 양념 한 가지라도 손수 마련해 보는 작은 변화 역시 불씨가 될 수 있지 않을까? 작은 불씨가 피어나 개인과 지역사회, 그리고 우리나라와 지구별에 보탬이 되기를 바란다.

열두 달 제철밥상

제철 먹을거리는 조물주가 인간한테 주는 선물이라고 할 수 있다. 제철의 햇살, 바람, 그리고 날씨의 변화를 담았으니 자연의 생명력이 담뿍 들어 있다. 제철 먹을거리는 온실이 아닌 노지에서 기른다. 병충해가 적고 그만큼 농약을 적게 뿌려도 잘 자라고 생명력이 강하다. 온상에서 기르는 먹을거리에 견주면 이 지구별의 환경을 덜 해치고 에너지를 가장 절약하는 먹을거리다. 맛은 좀 억세고, 제철이 아니면 구할 수 없는 불편함이 있지만 그래서 더욱 소중한 먹을거리가 아니겠나.

사람이 지구별에 산 역사에 견주어 보면 지금처럼 철없이 먹고 산 건 몇십 년밖에 안 된다. 그 기간 동안 우리는 엄청난 생체실험을 한 셈이고, 우리 아이들은 더욱 그러하리라. 점점 더 시장에서 제철 먹을거리를 사기 어렵다. 그래서 더욱 자라나는 아이들의 먹을거리를 담당하는 우리들이 노력을 해야 한다. 우리가 노력하는 만큼 자라나는 아이들이 건강해지리라.

여기서는 자라는 어린이를 위한 제철밥상을 1년 열두 달로 나누어 살펴보되, 겨울 먹을거리부터 살펴보려고 한다. 이 글은 본디 공동육아를 위해 쓴 글로 가정에서만이 아니라 단체급식에서도 참고하면 좋겠다.

제철식단의 기본 규칙

1. 밥을 중심으로 하는 식단

밥도 철에 맞게, 그날에 맞게 정하면 좋다. 그러니까 잡곡밥이라도 제철 잡곡밥을 먹는 거다!

밥의 대표인 쌀밥, 추운 날에 몸을 따스하게 덥혀 주는 기장밥, 해가 나지 않는 우울한 날에 햇살을 전해 주는 수수밥, 영양과 맛을 생각해서 콩밥, 속을 훑어 내리는 작용이 강해 가끔 먹으면 좋은 팥밥, 쑥 철에 쑥밥, 더운 여름에 몸을 식혀 주는 보리밥과 밀밥, 가을 별미 무밥, 겨울에는 신 김치 넣고 김치밥, 1년 어느 때나 콩나물 넣고 콩나물밥……

2. 제철 먹을거리를 먹자

날마다 메뉴를 다르게 하려는 노력도 중요하지만, 제철에 한창 맛있을 때 실컷 먹어 보는 식단이 아쉽다. 하지 감자가 나오는 6월말에서 7월에 감자로 찌고, 굽고, 부치고, 볶고, 으깨는 등 여러 가지 요리를 해서 먹으면 좋지 않을까?

3. 육류보다는 멸치와 콩을 자주(혹은 늘) 먹는 게 좋다

잔멸치는 통째로 먹을 수 있어 성장기 아이들 몸에 좋다. 콩을 콩비지(두부를 만들고 남은 비지가 아닌, 불린 콩을 통째로 간 비지)나 청국장으로 먹으면 소화도 쉽고 몸에도 좋다. 밥에는 제철에 나는 풋콩을(봄에는 완두콩, 가을에는 강낭콩) 놔먹자.

4. 녹두와 도토리는 정기적으로 먹는다

녹두와 도토리로 만든 반찬은 해독에 좋으므로 한 달에 한두 번 먹는 게 좋다. 숙주나물과 도토리묵무침, 녹두밥, 도토리밥(도토리를 껍질을 까서 거칠게 으깬 뒤 물에 며칠 우려서 콩처럼 밥 할 때 얹는다) 등.

겨울 먹을거리

1. 추운 겨울에는 식물성 지방을 자주 먹을 것

식물성 기름으로는 땅콩, 호두, 잣이 있다. 이걸 일주일에 한 번 정도 먹는 건 어떨까? 그리고 참깨, 들깨를 음식에 많이 넣어 먹자. 시래깃국이나 미역국을 끓여도 들깨를 갈아 넣고 끓인다.

2. 열량 소모가 많은 겨울에는 푸짐한 햅쌀과 햇곡식을 든든히 먹는다

 1) 찹쌀음식 : 추운 겨울은 찰기 있는 찹쌀을 먹을 때다. 그래서 설에는 찰떡을 해먹는다. 밤과 대추를 넣은 약밥도 맛날 철이다.

 2) 햇콩과 팥으로 여러 가지 음식을 해먹자. 콩비지, 청국장, 팥죽, 단팥죽 등.

3. 추운 겨울이 제철인 것들을 먹자

겨울에는 말린 고사리, 애호박오가리, 무말랭이, 시래기 등 마른 나물이 제철이다. 겨울에도 싱싱한 채소가 있긴 있다. 시금치, 김장 무와 당근, 대파 저장한 것, 돼지감자, 고구마와 야콘. 그리고 얼지 않는 바다에서 나는 해조류.

4. 겨울에 안 먹는 게 남는 것들은?

 1) 비닐집에서 기른 채소 : 오이, 애호박, 상추, 깻잎, 생버섯(말린 버섯은 괜찮음).

 2) 밀가루 음식 : 잔치국수를 할 때도 쌀국수로 하면 좋겠다.

 3) 여름과일(수박, 참외, 토마토 등)과 열대과일.

12월

🍚 수수밥, 기장밥, 찹쌀밥, 조밥, 청국장, 콩나물국, 들깨미역국, 시금치된장국, 고사리나물, 시래기생선조림, 애호박오가리들깨무침, 매생이국, 파래무침, 찐 고구마, 구운 고구마, 고구마전, 고구마스프, 고구마범벅, 고구마바스, 고구마라떼, 야콘, 곶감을 넣은 수정과와 약밥.

- 잡곡밥에 따스한 국을 먹는다. 여기서 말하는 따스한 국이란 단지 온도가 높은 게 아니라 재료의 성질이 따스해서 겨울에 잘 어울린다는 뜻이다. 햇콩으로 만든 청국장, 콩나물, 들깨를 갈아 넣은 미역국, 한겨울에도 파릇파릇 살아 있는 시금치국 등.
- 마른 나물을 먹자. 싱싱한 게 먹고플 때는 싱싱한 해조류를 즐겨 먹는다.
- 고구마가 맛있는 철이 돌아왔다. 이때부터 고구마를 먹어보면 12월보다는 1월이, 1월보다는 2월이 맛있다. 그리고 겨울이 다 끝난 3월이 되면 고구마가 조청처럼 달아진다.
- 야콘이 가장 맛있는 철이다. 야콘도 고구마와 마찬가지로 캐자마자 바로는 별 맛이 없다가 12월이 되면 달아진다. 그리고 아직 싱싱해 12월에는 싱싱한 맛으로, 1월에는 좀 덜 싱싱하지만 단맛으로 먹는다.
- 11월에 깎아 매단 곶감이 몰캉몰캉 다 되었다. 아직 단단하게 굳지 않은 반건시가 한창 맛있을 때다. 그냥 곶감도 먹고, 곶감을 넣은 요리를 해먹자.

1월

🍚 가래떡, 조랭이떡, 약밥, 인절미, 수수를 넣은 음식(수수부꾸미, 수수밥, 수수팥시루떡), 들깨강정이나 땅콩강정 같은 강정, 팥앙금을 내어 팥양갱, 팥스프, 팥떡국, 시금치, 무, 무말랭이, 시래기, 콩나물과 숙주나물, 날김구이, 김기름구이, 김무침, 달걀김국, 김밥, 해산물인 굴과 톳, 생미역, 생다시마, 김장김치쌈, 김장김치김밥, 김치그라탕, 김치밥, 김치찜, 호박주스, 호박죽, 호박잼, 호박떡.

- 땅이 얼고 눈이 쌓인 철에는 여러 가지 곡식으로 만든 음식들을 먹자.

- 1월은 땅이 얼어 있는 때다. 이때는 싱싱한 푸성귀가 거의 없는 게 자연의 이치다. 자연에서 나는 싱싱한 채소는 시금치뿐. 그밖에 늦가을에 거두어 둔 무와 대파가 있지만, 되도록 날로 먹지 말고 익혀서 먹는 게 좋은 철이다. 싱싱한 야채의 수분은 몸을 차게 하기 때문이다. 그래서 우리 전통에는 겨울에 마른 나물을 즐겨 먹었고, 모자란 영양을 위해 콩나물, 숙주나물을 키워 먹었다.

- 바다에는 싱싱한 생명이 살아 있다. 또 햇김이 나오는 철이다.

- 김장 김치가 한창 맛이 들었을 때다. 김장 김치를 주요리로 하는 반찬을 해먹자.

- 맨날 비슷한 것 같아 겨울음식에 지쳤을 때는 늙은호박을 하나 타개서 밥상에 변화를 주자.

2월

냉이콩탕, 냉이된장국, 냉이된장무침나물, 매생이, 물다시마, 톳, 달걀, 오리알, 무말랭이.

- 2월은 1월과 마찬가지로 겨울이다. 하지만 입춘이 지나 땅이 천천히 녹기 시작하면서 겨울을 난 냉이를 캘 수 있다. 2월 제철채소는 시금치와 냉이. 매스컴에서 봄이다, 봄나물이다 떠들고 겨우내 먹었던 음식이 지루해 뭔가 새로운 걸 찾긴 하지만 2월 시장에 나오는 봄나물은 냉이 빼고는 다 비닐집에서 기른 것이다. 봄나물도 되도록 3월에서 4월에 먹는 게 좋다. 대신 겨울이 제철인 해조류를 많이 먹도록 한다.

- 자연에서 조류들은 2월이 되면 하나둘 알을 낳기 시작한다. 2월 중순에 권하는 또 다른 먹을거리다.

- 김장 김치도 물린 이 철에는 무말랭이가 맛있다.

봄 먹을거리

봄은 하루가 다르게 변하는 때다. 그에 따라 자연에서 나는 먹을거리 역시 며칠 사이로 바뀐다. 우리는 인공으로 만든 환경에 사로잡혀 땅이 녹는지, 서리가 그치는지, 바람이 어떻게 바뀌는지 모른 채 넘어가기 쉽지만, 자연에서 온몸을 다 드러낸 채 자라는 나무나 풀들은 자연의 기운에 민감하게 반응하며 산다. 안 그러면 죽으니까. 인공 환경에 산다지만, 사람 역시 자연의 일부다. 안 먹으면 살 수 없고, 밤이면 자고 해 뜨면 움직이기 시작한다. 사람 가운데서도 아이들은 더욱 자연에 가깝다. 이 아이들이 자연스레 자라게 하려면 자연의 흐름을 거스르지 않고 먹이려는 노력이 필요하다. 그래야 아이가 튼튼하게 쑥쑥 자랄 테니까.

봄이 되니 뭔가 산뜻한 거를 찾고 싶다. 때맞춰 매스컴과 시장에는 조기재배, 시설재배한 먹을거리가 쏟아져 나온다. 하지만 조기재배, 시설재배를 한 것들은 제맛이 나지 않는다. 햇살을 제대로 받지 않고 자랐는데, 맛이 날 수가 없다. 조기재배나 시설재배 채소를 먹다 보면 아이들은 '채소는 맛이 없다'라는 고정관념을 가지게 된다. 정말 맛이 없으니까 말이다.

우리 동네는 감자가 6월에 나온다. 시장에는 훨씬 일찍 나오는데, 그걸 사서 먹어 보면 감자가 맛이 제대로 들지 않았다. 또 그렇게 감자를 미리 먹어 버리면 하지에 제대로 된 감자가 나와도 별 맛을 느낄 수가 없다. 한마디로 입맛을 버린 거다.

제대로 제철에 먹으려면 기다릴 줄 알아야 한다. 제철을 기다려 먹으면, 기다림은 조금 힘들지만, 입맛도 좋아지고 건강해진다.

봄에 전래동요 〈수박장수〉를 배우고 부르면서 제철 먹을거리를 기다리는 자세를 배우자.

수박장수~
어떤 놈이요~
그제 왔던 그놈이요
무엇하려 왔나~
수박 사러 왔지
1. 수박밭 갈러 이제야 갔소.
2. 수박 심으러 이제야 갔소.
3. 수박나무 이제야 났소.
4. 수박꽃 하나 이제야 피었소.
5. 수박 한 개 이제야 열렸소.
6. 수박 이제야 주먹만해졌소.
7. 수박 이제야 머리통만해졌소.
8. 수박 이제야 동이만해졌소.
그러면 되었네. 뚜욱!

3월

🍚 달래장, 달래주먹밥, 달래된장국, 달래전, 대파 넉넉히 넣고 육개장, 쪽파 쪽쪽 줄 세워서 쪽파부침개. 봄나물인 원추리, 돌나물, 민들레잎, 머위, 상추, 봄동, 고구마, 쑥.

- 3월이 되면 눈발이 날리는 가운데서도 땅이 다 녹는다. 3월부터는 일주일 열흘 사이로 나오는 제철 먹을거리가 다르지만, 가장 권하고 싶은 제철채소는 도라지, 더덕, 달래. 그리고 대파와 쪽파를 많이 먹는 게 좋다(냉이와 시금치는 아직도 좋다). 쑥은 3월말에 조금씩 나오기 시작한다. 산나물인 취, 참나물은 4월~5월이 제철이다.
- 고구마는 완전 꿀. 겨울을 나면서 달고 또 달아져 섬유질이 다 녹아내린 듯 느껴진다.
- 과일이 나오기 시작하지만, 이맘때 자연에는 과일이 있을 리 없다. 아직 나무에 꽃도 안 피었는데 어느새 열매가 익었겠는가? 3월 식단에 과일이 없는 건 정말 훌륭한 식단이다.

4월

🍚 쑥버무리, 쑥된장국, 쑥대파맑은국, 쑥밥, 쑥비지, 쑥달걀찜, 머위, 미나리, 달래, 돌나물, 두릅, 민들레, 고사리, 취, 상추, 부추, 시금치, 머위, 달래, 생표고버섯구이, 고사리조기탕, 쑥도다리탕, 진달래화전, 진달래주먹밥, 개복숭아꽃수수부꾸미.

- 4월은 쑥의 달이다. 머위, 미나리, 진달래, 돌, 두릅 같이 여러 가지 들나물이 있지만, 아이들이 좋아하고 여러 가지 요리를 하기 좋은 봄나물은 쑥이기 때문이다. 쑥을 먹고 아이들이 쑥쑥 자라는 철이다.
- 4월 상순은 들나물 철, 4월 하순은 산나물 철. 여기에 사람이 자연스레 심어 기른 나물과 표고버섯이 제철이다. 생표고를 도톰하게 썰어서 아무것도 넣지 않고 그냥 구운 뒤,

기름소금에 찍어 먹으면 맛있다.

- 쑥과 고사리를 넣고 제철생선으로 탕을 끓이면 아주 맛나다. 봄나물을 즐기는 또 다른 방법이다.

- 꽃이 한창 필 철이다. 진달래꽃, 제비꽃, 목련꽃 같은 꽃들. 아이들과 차에 꽃잎을 띄워 차를 만들어 마시는 시간도 좋다. 또 찹쌀로 화전을 해먹어도 좋고, 주먹밥을 만들어 먹어도 좋다. 수수를 갈아 꽃잎부꾸미를 만들어 먹어도 좋다.

5월

완두콩찜, 완두콩밥, 죽순밥, 죽순된장국, 죽순야채볶음, 죽순누룽지탕, 달래, 미나리, 머윗대, 부추, 상추, 쑥갓, 가죽나무 순, 질경이, 명아주, 달개비, 취, 참, 고사리, 표고버섯, 뽕순나물, 아까시나무 꽃, 밭딸기.

- 계절의 여왕이라는 5월. 만물이 파릇파릇 살기 시작하는 때다. 하지만 자연에서 이맘때는 먹을거리가 별로 없는 때이기도 하다. 봄나물은 쇠고, 봄에 씨 뿌린 채소는 아직 어리고. 5월 말이 그래서 보릿고개. 지금은 식량이 없지는 않지만 제철 먹을거리가 빈약한 때다. 아이들에게 그걸 잘 설명해 주면 좋겠다.

- 채소로 완두콩이 좋은 철이다. 연한 완두콩을 꼬투리째 살짝 쪄서 먹으면, 달짝하고 풋풋한 게 5월의 별미다.

- 죽순이 제철이다. 밥과 국 등에 많이 넣어 먹자.

- 들에서 나는 나물 외에도 산을 잘 살펴보면 먹을거리가 많다.

- 긴 겨울 기다림 끝에 자연이 주는 선물, 딸기를 많이 먹자.

여름 먹을거리

여름은 열매채소의 철이다. 가지과인 고추, 토마토, 가지. 박과인 호박과 박. 외과인 오이와 참외, 수박. 모두 열매채소다. 여름 햇살을 듬뿍 받고 자란 열매채소를 푸짐하게 먹으면, 여름철 풀처럼 아이들이 왕성하게 자라리라. 참고로 여름이 열매채소의 철이라면 봄과 가을은 잎채소(온갖 나물들이 대부분 잎채소)의 철, 겨울은 뿌리채소의 계절이다.

지난겨울 심은 양파, 이른 봄에 심은 감자가 나와 밥상이 풍요롭다. 한여름을 지나면 풋옥수수까지 나온다. 또 여름은 햇밀과 보리가 나오는 철이다. 농촌에서는 6월 말 하지 전후에 거두지만 시장에는 7월이 되어야 나온다. 이때부터 두어 달 동안이 보리와 밀 음식을 먹기 좋은 때다. 밀가루 음식인 국수, 수제비, 빵을 먹어도 좋다. 물론 우리 밀로.

여름에는 찬 음식을 찾기 쉽다. 하지만 여름일수록 따뜻한 음식을 먹는 게 좋단다. 상온에 놔둔 찬물은 좋지만, 얼음물, 아이스크림, 빙수 같은 음식은 되도록 적게 먹도록 한다. 그리고 오이, 참외, 토마토 같은 서늘한 기운을 가진 여름 열매채소를 먹자. 이렇게 먹을거리가 푸짐해, 여름에는 제철식품을 먹기도 바쁠 지경이다. 그래도 제철이 아니어서 안 먹으면 좋을 것으로 버섯을 들 수 있다. 버섯은 최고기온이 20℃를 넘기면 살기 어렵다. 여름철 버섯은 그래서 억지로 냉방을 하면서 기를 뿐 아니라, 약도 많이 친다. 되도록 여름에는 버섯을 먹지 않는 게 여러모로 좋다.

6월

🍚 찐 감자, 구운감자, 감자떡, 감자조림, 감자된장국, 감자황태국, 카레라이스, 감자샐러드, 감자스프, 감자전, 당근채나물, 당근주스, 당근을 넣은 김밥, 당근스프, 비름나물, 고춧잎나물, 호박잎, 콩 순(콩잎), 애호박, 오이, 가지, 토마토, 깻잎, 앵두, 오디.

• 6월은 감자, 당근 등 봄에 씨 뿌린 채소에 이어 과일인 앵두와 오디가 나오면서 제철 먹을거리가 쏟아져 나오는 철이다. 양파와 마늘도 나온다. 햇밀과 보리가 나오지만 아직 시장에 공급되지는 않는다. 그래서 보리밥이나 밀밥은 7월에 먹어야 햇곡식을 맛볼 수 있다(2009년 생협에 햇밀국수가 품절이었던 경험).

• 채소로는 부추와 양파가 한창 맛날 때다.

• 애호박, 오이, 가지, 토마토, 당근, 깻잎은 6월 말이 되어야 하나둘 나오기 시작한다. 기다렸다 먹으면 그 맛을 느낄 수 있다.

• 앵두와 오디는 여름을 알리는 좋은 과일인데, 사람들의 외면을 받는 과일이다. 아이들에게 제철에 꼭 한 번 맛보이고 싶다. 생일케이크도 앵두와 오디를 얹어서 먹으면 좋겠다.

7월

🍚 햇보리밥에 감자강된장, 밀밥에 호박잎된장국, 가지나물, 가지볶음, 가지구이, 가지냉국. 토마토된장샐러드, 토마토비빔밥, 토마토비빔국수, 토마토당근주스, 토마토야채샐러드, 토마토를 넣은 스파게티, 고추멸치조림, 안 매운 고추전, 깻잎절임, 깻잎찜, 깻잎전, 깻잎주먹밥, 깻잎쌈, 오이소박이, 오이지, 오이매실장아찌무침, 김치말이국수(김칫국물 냉면).

• 한창 더워지기 시작하는 7월. 하지만 장마가 겹치기도 해 건강을 조심해야 한다. 장마에는 되도록 끓여서 익힌 음식을 먹는다.

• 7월은 햇밀과 햇보리로 밥을 해먹을 때다.

• 가지과 열매채소인 가지, 토마토, 풋고추가 맛있고 푸짐한 철이다.

• 깻잎이 한창 맛날 때다. 깻잎으로는 뭘 해도 좋다. 월남쌈에서 힌트를 얻은 깻잎쌈(깻잎에 채 썬 온갖 채소와 고기를 얹어 쌈을 싸먹는다)은 향기롭다.

• 뜨거운 햇살을 받고 오이가 한창 달릴 때다. 오늘날 대부분 오이는 비닐집에서 시설재배로 기른다. 그 바람에 봄에 오이가 쏟아져 나오고 이맘때면 오이가 끝물이거나 늙은 오이가 나오지만, 자연에서는 7~8월인 소서, 대서가 오이 철이다. 오이는 그만큼 더운 햇살을 받아 먹고 자라는 채소다. 이 오이에는 부추와 매실장아찌가 궁합이 잘 맞는다.

• 냉면을 찾는 철이다. 동네 중국집까지 냉면을 써 붙이는데, 사실 냉면은 평안도 음식으로 밀이 생산되지 않는 그곳에서 메밀을 농사지었다가 한가한 겨울에 동치미국물에 말아 먹는 음식이다. 그 냉면이 고기육수에 한여름 음식으로 탈바꿈했다.

8월

🥣 옥수수밥, 옥수수샐러드, 옥수수스프, 단호박찜, 단호박범벅, 단호박부침, 날단호박채무침, 단호박스프, 단호박밥. 호박잎된장국, 매실장아찌, 매실고추장.

• 보리, 밀에 이어 풋옥수수가 제철이다. 풋옥수수는 따서 바로 먹는 게 좋을 만큼, 따놓으면 자연의 단맛이 떨어진다. 풋옥수수 먹다 남은 걸로 다양한 음식을 해서 여름에는 풋옥수수를 즐겨 먹자.

• 장마철에 주춤했던 애호박이 입추가 지나면서 많이 열린다. 아침저녁 선선한 바람이 불

기 시작하면 애호박과 애박이 제철이다. 그리고 또 하나. 자연에서는 단호박이 익는다. 조선호박이 추석이 지나야 익는 것과 달리 단호박은 몸집이 작고 애호박을 따 먹지 않아서 그런지 일찍 익는다. 단호박은 껍질까지 먹을 수 있어서 좋다. 호박잎과 호박꽃 역시 된장국의 좋은 재료다.

• 매실장아찌의 철이 돌아왔다. 하지 무렵 매실효소차를 담글 때 씨를 빼서 담그면 효소를 걸러 내고 다시 한 번 재운 매실장아찌가 넉넉하다. 이 매실장아찌를 성기게 갈아 고추장과 섞어 매실고추장을 만들면 아이들도 잘 먹는다. 매실장아찌는 오이와도 궁합이 잘 맞는다. 매실장아찌를 박아 된장주먹밥도 먹어보자.

가을 먹을거리

가을은 잎채소 철이다. 무와 배추가 잘 자라고, 상추와 쑥갓과 같은 쌈채소 역시 좋다. 누렇게 변한 콩잎과 깻잎으로 장아찌를 만든다.

가을에는 도토리와 밤, 호두, 대추, 잣 같은 진짜 과일이 나온다. 이들은 과일이면서 식량도 되어 자라는 어린이에게 참 좋은 과일이다. 간식으로 풋대추, 밤이 있으면 날로도 먹고 삶아서 먹고, 밥에도 얹어 먹고, 송편도 빚어 주면 아이들이 잘 먹는다. 호두는 9월 추석 무렵 껍질호두 1년 치를 한꺼번에 사서 저장했다가 먹으면 좋다.

9월

🍚 도토리밥, 도토리묵, 도토리전, 풋콩밥, 각종 버섯 요리(버섯탕수, 버섯전골), 토란들깻탕, 토란대를 넣은 육개장. 늙은오이생채무침, 늙은오이조림, 애호박된장국, 애호박젓국찌개, 애호박전, 애호박눈썹나물, 여러 재료로 응용한 송편, 땅콩을 넣은 호박죽, 땅콩조림.

- 도토리가 가장 맛있는 철이다.
- 풋콩의 철이 돌아왔다. 아직 단단히 여물지 않은 풋콩을 까서 밥에 놔먹으면 사르르 녹는다. 아이들이 콩과 친해질 수 있는 징검다리로 삼자.
- 가을 찬바람이 불어 최고기온이 20℃ 아래로 떨어지는 초가을. 버섯의 천국이다. 산에 가면 온갖 버섯들이 돋아나는데, 산버섯 중에는 독버섯이 있어 가려 먹어야 하지만, 사람이 기르는 버섯은 봄가을이 제철이다. 버섯재배 농가는 여름에는 에어컨을 켜고 겨울에는 불을 땐다.
- 제철인 채소는 토란대와 늙은오이, 애호박이다. 요즘은 고구마가 여름부터 시장에 나온다. 하지만 고구마는 가을에 캐서 겨울을 나며 단맛이 도는 게 자연의 이치다. 고구마는

갓 캐면 별 맛이 없다가 겨울을 나면서 조금씩 달아진다. 고구마는 겨우내 먹어야 하니, 9월에는 되도록 고구마보다는 옥수수나 단호박을 먹는 게 좋겠다.

· 9월은 뭐니 뭐니 해도 추석 철. 송편을 하기 좋다. 송편 소로 햇곡식인 밤, 풋콩, 햇참깨, 햇땅콩을 넣는다.

· 껍질땅콩(물땅콩)이 맛나는 철이다. 갓 캔 땅콩을 껍질째 삶아서 까 먹는 맛. 이 철에만 맛볼 수 있는 별미이면서, 추운 겨울을 준비하는 자연의 보이지 않는 손길이다(아이들이 손수 껍질을 까면 꼬투리와 씨앗을 배우는 교육 효과도 있고, 스스로 까먹으면서 콩과 친해진다).

10월

🍚 햅쌀밥, 햅쌀로 뽑은 떡국, 떡볶이, 떡피자, 무초절이, 무쌈, 무밥, 무나물, 깍두기, 도라지나물, 더덕구이, 날땅콩쌈장, 땅콩자반, 땅콩멸치조림, 달걀 요리.

· 10월에는 햅쌀이 나온다. 햅쌀은 향기가 나고 밥맛이 좋다. 처음으로 햅쌀을 마련하면 사흘은 밥을 중심으로 식단을 짜서 햅쌀밥 맛을 음미하는 시간을 가지면 좋겠다(『식객1』 〈밥상의 주인〉편 참고). 햅쌀로 가래떡을 뽑아도 꿀맛이다. 가래떡을 뽑으면 그날은 그냥 먹고, 다음날은 떡국용으로 썰어서 조금 단단한 맛으로 씹어 먹고, 냉장고에 보관하면서 구워 먹고 여러 요리를 해먹을 수 있다.

· 가을 서리가 오고 나면 땅 속 뿌리에 맛이 든다. 도라지, 더덕, 무. 가을무는 인삼보다 보약이라는 말이 있듯 이때 무가 가장 맛있는 철이다. 음식에 가을무를 넣으면 달고 시원하고 맛있어진다.

· 햇땅콩이 나온다. 이 땅콩이 있으면 어떤 음식에 넣어도 맛있다.

• 달걀에도 제철이 있을까? 그렇다. 자연에서 닭은 병아리를 까기 위해 알을 낳는다. 그래서 병아리를 까기 힘든 철에는 알을 잘 낳지 않는 게 자연의 이치. 추운 겨울, 알이 어는 철이니 알을 잘 안 낳는다. 또 한여름 장마철이나 폭염에도 달걀이 상하기도 하고 병아리가 깨어나도 살아남기 어려우니 이때도 잘 안 낳는다. 그래서 달걀의 제철은 봄가을. 그렇다면 왜 시장에는 달걀이 계속 나오는가? 그건 인공적 환경과 호르몬제가 들어간 배합사료를 듬뿍 줘 철 없이 달걀을 생산하기 때문이다.

11월

◌ 수수밥, 기장밥, 조밥, 흑미밥, 찹쌀밥, 은행밥, 은행구이, 은행을 넣은 닭백숙, 은행 넣은 약밥, 콩나물밥, 청국장찌개, 시금치나물, 김구이, 배추쌈, 배추겉절이, 배춧국, 싱건지(무물김치), 당근, 감말랭이, 무홍시채, 떡에 홍시 찍어 먹기, 홍시주스, 당근주스.

• 햇곡식인 수수, 기장, 조가 시장에 나오면 그걸 넣어 밥을 해먹어 본다. 하지만 자칫하면 묵은 곡식일 가능성이 높다. 이런 잡곡은 농가에서 나중에 방아를 찧기 때문이다. 아마도 검은쌀과 찹쌀은 햇곡식일 가능성이 크다.

• 은행이 제철이다. 이 때 은행을 먹으면 건강하게 겨울을 날 수 있다. 생강차를 끓일 때 은행을 몇 알 넣으면 구수해진다.

• 찬바람이 불고 날이 쌀쌀해지면서 햇콩으로 만든 청국장, 콩나물이 다시 맛있어진다. 아이들과 햇나물콩으로 주전자 콩나물을 길러 보자.

• 애호박, 오이는 사라지고 이제는 시금치가 다시 등장하는 때다. 또 달래, 냉이도 잠깐 다시 등장한다.

• 무, 배추가 1년 중 가장 맛있을 때다. 이때 무는 어느 음식에나 넣으면 맛있고, 배추는

쌈을 싸 먹어도, 국을 끓여 먹어도, 나물로 데쳐서 무쳐 먹어도 맛있다. 겉절이나 포기 김치는 말할 것도 없고.

- 11월은 감의 계절이다. 단감과 홍시만 먹는 게 아니라 말려서, 요리에 넣어서 다양하게 먹자.

- 땅이 얼기 전까지 도라지, 더덕, 당근도 가장 맛있을 철이다.

- 날이 추워지면서 김이 다시 맛있어진다.

농부가 세상을 바꾼다

귀 농 총 서
guidebook

농사꾼 장영란의 **자연달력 제철밥상**

장영란 지음·김정현 그림 | 사륙배판변형 360쪽 | 올 컬러
2008년 정농회 선정도서

24절기 자연 흐름에 맞춘 자급자족 밥상

이 책은 단지 먹을거리만 소개하고 있는 것이 아니다. 절기에 맞춰 자연의 흐름을 이해하기 쉽게 보여주는 훌륭한 자연교과서라 할 수 있다. 절기마다 피고 지는 꽃, 찾아오는 새들의 울음소리와 다양한 동물들과 벌레들의 활동, 그에 맞춰 진행되는 농사일들, 그리고 먹을거리에 관한 이야기들이 재미있고 잔잔하게 전개된다. 저자는 자연을 구경만 하는 관객의 입장이 아니라 자연 속에서 자연과 하나 되어 자연을 말하는 태도를 일관되게 취한다. 독자들은 이 책을 통해 자연 속으로 흔쾌하게 빨려 들어가는 즐거움을 맛볼 수 있을 것이다. "먹을거리가 넘쳐나지만 제대로 먹고 살기는 오히려 힘든 세상이다. 아이 어른 할 것 없이 면역력이 떨어지고 있다. 면역력이란 다른 말로 몸의 자급능력이라 할 수 있다. 몸의 자급능력은 하루아침에 얻어지는 게 아니라 꾸준히 먹을거리를 자급해나갈 때 얻을 수 있다."
_ 지은이의 말 중에서

약이 되는 잡초음식 **숲과 들을 접시에 담다**

변현단 지음·안경자 그림 | 국판 320쪽 | 올 컬러
2010년 문화관광부 우수교양도서

약이 되고 찬도 되는 50가지 잡초음식의 향연장!

매일 먹는 밥상에 비상이 걸렸다! 화학재료의 남용으로 우리 밥상이 위험 수위에 오른 지는 이미 오래. 하지만 건강한 밥상으로 바꾸는 일도 만만치는 않다. 이제 인스턴트 음식과 매식에서 벗어나 철 따라 즐길 수 있는 자연산 식물에 눈을 돌려보자. 잡초음식을 상용하여 병도 고치고 건강도 찾은 저자의 생생한 경험담이 그만의 독특한 농철학과 함께 소개된다. 석유가 점령한 우리 밥상의 심각성을 경고하는 1부에 이어, 2부는 우리 산야에 나는 자연산 풀을 일상에서 건강한 먹을거리로 즐길 수 있는 여러 가지 조리법을 소개한다. 풀이나 뿌리뿐 아니라 꽃잎까지 다양하게 활용하여 식탁의 그린지수를 높여본다.

유기농 채소 기르기 **텃밭백과**

박원만 지음 | 사륙배판변형 576쪽 | 올 컬러
2009년 정농회 선정도서

10년 동안 직접 기르며 쓴 유기농 채소 텃밭일지

초보자들이 자신의 밭 상황과 책 내용을 비교해보면서 농사지을 수 있도록 친절하고 상세하게 텃밭농사의 전 과정을 담은 책이다. 씨뿌리기부터 싹트는 모습, 밭 만들기, 자라는 모습, 병든 모습, 수확하는 모양까지 직접 찍은 사진을 1,400여 장 실었다. 이 책의 미덕은 작물이 병충해에 피해를 입었을 때 어떤 모습이 되는지, 피해를 예방하려면 어떻게 해야 하는지 등을 일일이 기록하고 사진으로 직접 보여준다는 데 있다. 전국서점 자연과학 분야에서 베스트셀러 자리를 놓치지 않을 만큼 귀농인과 도시농부들에게 가장 인기가 많은 책이다.

"실험실을 잠시 자연으로 옮겨 이 책을 완성했습니다. 실험이 잘 안 될 때는 1년을 기다려 다시 파종하고 식물이 자라는 모습을 기록했습니다. 만약 이 일이 생계였다면 이런 식의 관찰자적인 농사는 짓지 못했을 겁니다. 평생 직업으로 농사를 짓는 농부들에게는 부끄러운 일이지요." _ 지은이의 말 중에서

나의 애완 텃밭 가꾸기

이학준 글·그림 | 크라운판 변형 248쪽
중국 하남과기출판사 수출

공감 백 퍼센트, 만화로 읽은 텃밭 매뉴얼

텃밭 가꾸는 데 필요한 거의 모든 내용을 만화로 재현한 책. 거름을 만드는 법부터 씨 뿌리기, 모종 심기, 물주기, 웃거름 주기, 솎아주기, 수확하기 등 텃밭농사에 필요한 A부터 Z까지를 포괄적으로 다루되, 실전에서 우러나온 경험을 양념처럼 곁들여 읽은 즐거움을 배가했다. 일단 책을 펴놓고 읽으면서 머릿속에 남은 것을 따라 하면 된다. 텃밭농사를 시작하는 시점인 3월부터 농기구를 정리하고 사람도 땅도 잠시 휴식을 취하는 11월까지 텃밭농사법을 월별로 정리하여 해당 월에 꼭 하고 넘어가야 할 일이나 잊으면 안 되는 점들을 정리해놓았다. 귀농을 꿈꾸거나 준비하는 사람들의 필독서.

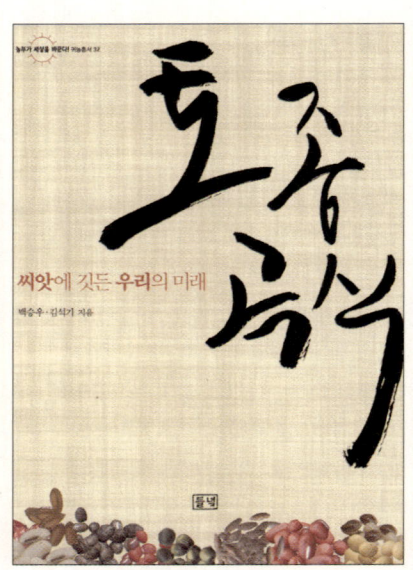

토종 곡식

_씨앗에 깃든 우리의 미래

백승우·김석기 지음 | 국판 224쪽 | 올 컬러

건강한 세상을 만드는 토종 곡식의 귀환!

토종 곡식이 사라지고 있다. 대대손손 농사일을 이어오며 부모로부터 곡식 씨앗을 받아 기르던 농민이 줄어들면서 그 씨앗도 함께 사라졌다. 씨앗의 소멸은 또 다른 소멸을 부른다. 씨앗이 없으면 다양한 작물을 기를 때 사용하던 농기구, 농사법 등이 사라지고, 그 곡식으로 해먹었던 요리마저 없어진다. 우리네 고유한 농경문화가 사라지는 것이다.

이 책은 아직 살아 있는 토종 씨앗에 관한 기록이다. 밀, 호밀, 보리, 율무, 수수, 팥, 콩, 조, 기장, 참깨 등 이름만큼 모양새도 각기 다른 곡식들. 이들은 '잡곡'으로 불리며 '잡스러운' 취급을 당했지만, 쌀의 빈자리를 채워준 고마운 존재다. 무관심 속에서도 여전히 살아 숨 쉬고 있는, 풍요롭고 건강한 토종 곡식 이야기.

내 손으로 받는 우리 종자

안완식 지음 | 국판 324쪽 | 올 컬러

2008년 진안군청 선정도서

대대로 내려온 우리 농부들의 자가채종법

자가채종을 하는 비전문가들이나 오래전부터 전해 내려오는 농부들의 방법을 국내 최초로 체계화한 책. 한 뙈기 밭에서도 얼마든지 우리 종자를 키워낼 수 있다. 종자는 농가 현지에서 계속 재배되어야 한다. 같은 종자라도 100년 동안 냉장고에 있던 것과 현지에서 계속 재배되고 채종해온 것은 전혀 다른 종자가 된다. 종자란 환경 변화에 능동적으로 대응할 줄 아는 생명체다.

이 책은 60여 가지 필수 작물들의 유래와 채종법, 그리고 종자의 사후 관리법까지 꼼꼼히 담아냈다. 우리 땅 우리 토종을 지키는 사람들을 위한 최고의 길라잡이.

흙, 아는 만큼 베푼다

_이완주 박사가 들려주는 '농부가 꼭 알아야 할 흙 이야기'

이완주 지음 | 국판 336쪽 | 올 컬러

우리가 미처 몰랐던 흙의 속사정

농업인에게 흙은 애증의 대상이자 생계의 수단이다. 좋은 흙, 건강한 흙 없이는 소출을 낼 수 없다. 하지만 흙의 성격을 잘 이해하고 친하게 지내는 사람은 별로 없다. 그 속을 들여다볼 수도 없거니와 그 안에서 끊임없이 일어나는 화학적인 변화를 도무지 예측할 수 없는 탓이다. 그만큼 흙 속에서 이루어지는 다양한 변화는 상상 이상으로 복잡하다. 알기 쉽게 설명하기도 어렵다.

이 책은 어렵고 복잡한 흙의 생리를 이야기처럼 풀어내어 독자를 변화무쌍한 흙의 세계로 안내하는 길라잡이다. 필자가 이 책에서 강조하는 키워드만 확실하게 이해해도 흙을 알고 농사를 살리는 데 문제가 없을 것이다.

흙을 알아야 농사가 산다

_쉽게 풀어본 흙의 과학과 시비기술

이완주 지음 | 국판 240쪽 | 올 컬러

꼭 알아야 할 흙 이야기

흙 속에 인산비료 공장이 있다? 바람 든 무가 쓸모없다면 바람 든 흙은 어떨까? 우분·돈분·계분의 차이점은 무엇인가? 고추나 토마토는 석회를 많이 주어도 석회부족 현상이 나타난다? 물비료의 효과와 주는 시기는? 유기물과 부식의 차이점은 무엇인가? 염류가 많이 집적된 흙은 어떻게 해야 하나? 하우스 및 노지에서 물 관리 요령은? 토양검정을 받으려면 어떻게 해야 하나?

농사를 짓다보면 흙을 어떻게 관리해야 하고, 유기물과 비료를 어떻게 주어야 하는지 궁금해진다. 쉽고 재미있게 읽으면서 많은 답과 아이디어를 얻을 수 잇는 흙 이야기를 가득 담았다.

무농약 유기벼농사
_다양한 논 생물을 살린 억초법과 다수확의 포인트

이나바 미쓰쿠니 지음·김준영 옮김 | 국판 303쪽

누구나 할 수 있는 무농약 유기벼농사, 그 확실한 성공 포인트

30년에 걸친 환경보전형 벼농사기술 확립운동 속에서 실증되고 확립되어온 유기벼농사 기술체계를 쉽게 정리한 책이다. 이 책에서 소개하는 농법은 생물 생산력이 높은 아시아 몬순 풍토에서 성립된 유기벼농사 기술로, 다양성이 풍부한 무논 생물을 재생하여 그 생태를 벼농사에 오롯이 활용하는 수법이다. 그 성공 포인트는 크게 세 가지다. 모내기 30일 전부터 담수와 심수관리를 할 것, 어린 치묘가 아닌 4.5엽 이상의 성묘를 이식할 것, 쌀겨 중심의 발효비료를 투입할 것. 이상의 세 가지를 중심으로 한 기본기술을 지키면 모내기 후 단 한 번도 논에 들어가지 않아도 밥맛 좋은 쌀을 다수확할 수 있다.

제초제를 쓰지 않는 벼농사

민간벼농사연구소 지음·김광은 옮김 | 국판 260쪽

전통 농법에서 끌어낸 친환경 제초법

이제 농사에서 잡초를 제거하려면 제초제 말고는 달리 방법이 없다는 낡은 사고방식에서 벗어나야 한다. 내분비 교란물질로서 환경호르몬이 주성분인 제초제를 벼농사에 쓰기 시작한 지도 50여 년이 지났다. 그러나 환경호르몬의 존재가 밝혀진 것은 겨우 몇 년 전의 일이다. 벼에는 거의 흡수되지 않는다고 안심하는 사람도 있겠지만, 제초제가 흙과 함께 강으로 흘러들어 가 바닷물고기에 축적되는 것은 피할 수 없는 사실이다. 당장은 안전하다고 계속 제초제를 쓴다면 앞으로 어떤 문제가 더 발생할지 모른다. 더 이상 환경을 오염시키지 않기 위해 제초제를 쓰지 않고서도 잡초를 억제하는 방법을 진지하게 모색하는 책.

시골집 고쳐살기

_인생을 담은 맞춤형 생태주택

전희식 지음 | 신국판변형 240쪽

시골집을 고쳐 살면 뭐가 좋은데?

시골 살림집 고쳐 살기의 장점과 묘미는 '맞춤형'이자 '생태형'이라는 점. 집주인의 형편이나 취향에 맞춰서 고쳐 살 수 있으니 좋고, 새집을 짓는 과정에서 발생하는 자연 훼손 문제를 염려하지 않아도 좋으며, 집을 고치기 시작하는 순간 진정한 동네 주민이 될 수 있기 때문이다. '겨울에는 좀 춥게 살고, 여름에는 좀 덥게 사는 집, 여러 가지로 불편하지만 좋은 집, 늘 손봐야 해서 즐거운 집'에 대한 정겨운 이야기를 담았다. 조금은 힘들어도 자연과 더불어, 그리고 이웃과 더불어 행복하게 살아갈 수 있는 생태적 삶이 담겨 있다. 친절하고 따뜻한, 그러면서도 손쉽게 따라 할 수 있는 매우 실용적인 집 고치기 이야기.

이웃과 함께 짓는 흙부대 집

김성원 지음 | 사륙배판변형 320쪽 | 올 컬러

2009년 정농회 선정도서

국내 최초로 흙부대 집을 짓다!

저자는 이 책에서 몸소 체득한 흙부대 건축의 노하우를 꼼꼼하게 소개한다. 어떤 방식을 택할 것인지, 건축자재는 어디서 구입하는지, 시공할 때 주의할 점은 무엇인지를 친절하게 알려준다. 또한 다양한 사례를 통해 흙부대 건축의 역사와 적용, 발전 양상을 안내한다. 그러나 그가 무엇보다 집중적으로 조명한 것은 우리 주변에서 흙부대로 집을 지은 사람들의 생생한 건축 이야기다. 지역공동체와 더불어 집짓기를 꿈꾸는 모든 이의 나침반.

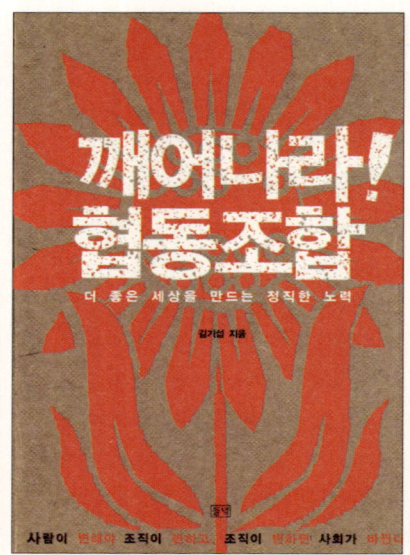

깨어나라! 협동조합

_더 좋은 세상을 만드는 정직한 노력

김기섭 지음 | 국판 306쪽

똑똑똑, 협동조합아! 너 언제 깨어날래?

인류의 위대한 유산임에도 자본주의 사회에서 서자 신세를 면치 못
해왔던 협동조합에 수많은 사람이 관심과 기대를 쏟고 있다. 그것은
한쪽에 밀쳐놨던 작은 달걀의 소중함을 뒤늦게 깨닫고, 주변에 닭
들이 모여들어 그 부화를 갈망하며 껍질을 쪼아대는 모습과 같다.
21세기는 바야흐로 협동조합의 시대다. 자본주의 사회에 환멸을 느
낀 사람들이 협동조합에 뜨거운 눈길을 주고 있다. 협동조합은 무
슨 거창한 것이 아니다. 새로운 세상을 향한 꿈을 자신의 힘으로 이
루려는 사람들의 정직한 노력일 따름이다. 20여 년간 건강한 협동조
합 건설에 온몸을 바쳐온 저자가 협동조합의 문제점과 진로에 대해
진지한 성찰을 던진다.

게릴라 가드닝

리처드 레이놀즈 지음·여상훈 옮김 | 국판 변형 316쪽 | 올 컬러

우리는 총 대신 꽃을 들고 싸운다

환경을 아끼는 사람들, 환경에 관심이 있는 사람들이 모여 혁명을 일으켰다. 그 이
름은 '게릴라 가드닝'. 이 조용한 혁명은 버려진 공공용지를 화려하고 생명 넘치는
공간으로 바꾸어놓는다. 한 줌 씨앗을 손에 들고 방치, 무관심, 공동체 정신의 붕괴
와 싸우기 위해 헌신을 무기 삼아 한 발 한 발 전진했다. 어둠을 틈타 아파트 앞 공
터에 꽃을 심는 것으로 게릴라 가드닝을 시작했을 때, 리처드 레이놀즈는 외로운 1
인 활동가였다. 그러나 그는 곧 전 세계를 아우르는 운동의 선봉장이 되었다. 이 책
은 30개국에서 벌어지고 있는 독특한 주변문화의 투쟁사를 정리하고 21세기 운동
의 방향을 제시한다.